死去之前
都是人生

LET'S TALK ABOUT DEATH (OVER DINNER):
AN INVITATION AND GUIDE TO LIFE'S MOST IMPORTANT CONVERSATION

［美］迈克尔·赫布 —— 著　邹熙 —— 译

Let's Talk about Death (over Dinner): An Invitation and Guide to Life's Most Important Conversation

Copyright © 2018 by Michael Hebb

Simplified Chinese edition copyright © 2020 by Fantasee Media CO., Ltd.

This edition published by arrangement with Da Capo Press, an imprint of Perseus Books, LLC, A subsidiary of Hachette Book Group, Inc., New York, New York, USA.

All rights reserved

本书中文简体字版通过 Fantasee Media Co., Ltd.（杭州耕耘奇迹文化传媒有限公司）授权新世界出版社在中国大陆地区出版并独家发行。未经出版者书面许可，本书的任何部分不得以任何方式抄袭、节录或翻印。

北京版权保护中心引进书版权合同登记号：图字 01-2019-7677 号

图书在版编目（CIP）数据

死去之前都是人生 /（美）迈克尔·赫布著；邹熙译. -- 北京：新世界出版社，2020.8
书名原文：LET'S TALK ABOUT DEATH (OVER DINNER): An Invitation and Guide to Life's Most Important Conversation
ISBN 978-7-5104-7086-8

Ⅰ. ①死… Ⅱ. ①迈… ②邹… Ⅲ. ①死亡－心里－通俗读物 Ⅳ. ① B845.9-49

中国版本图书馆 CIP 数据核字 (2020) 第 096664 号

死去之前都是人生

作　者：[美] 迈克尔·赫布
译　者：邹　熙
责任编辑：周　帆
责任校对：宣　慧
责任印制：王宝根　苏爱玲
出版发行：新世界出版社
社　　址：北京西城区百万庄大街 24 号（100037）
发 行 部：(010) 6899 5968　(010) 6899 8705（传真）
总 编 室：(010) 6899 5424　(010) 6832 6679（传真）
http://www.nwp.cn
http://www.nwp.com.cn
版 权 部：+8610 6899 6306
版权部电子信箱：nwpcd@sina.com
印　　刷：天津中印联印务有限公司
经　　销：新华书店
开　　本：880mm×1230mm　1/32
字　　数：250 千字　　印　　张：6.75
版　　次：2020 年 8 月第 1 版　2020 年 8 月第 1 次印刷
书　　号：ISBN 978-7-5104-7086-8
定　　价：48.00 元

版权所有，侵权必究
凡购本社图书，如有缺页、倒页、脱页等印装错误，可随时退换。
客服电话：　(010) 6899 8638

献给我的妈妈卡罗尔·赫布，
关于生和死，
她清晰的想法
构成了本书的灵感。

纪念保罗·赫布，
在每一场我有幸参加的
关于死亡的晚餐和对话里，
他的精神长存……

目 录

第一章　接　纳　　　　　　　　　　001
第二章　邀　请　　　　　　　　　　017

提示问题　　　　　　　　　　　　　035

假如生命只剩下三十天，你会怎样度过？如果只剩最后一天、最后一小时呢？ 037

还记得你爱的人在世时为你做过哪些美食吗？ 048

如果由你来设计，你会把自己的葬礼或墓碑设计成什么样？ 054

在生命的终点，医疗干预是否过度？ 061

你提前准备遗嘱、照护指示、授权委托书了吗？如果没有，为什么？ 070

哪一次临终经历使你印象最深刻？ 077

我们为什么不愿谈论死亡？ 089

如何与孩子谈论死亡？ 096

你相信来世吗？ 103

你会考虑接受安乐死吗？ 111

你想在葬礼上放哪首歌？由谁来唱呢？ 117

你想成为器官捐献者吗？ 124

一场"好的死亡"是什么样的？ 131

你希望如何处理自己的遗体？ 138

哪些死亡我们永远不应该谈论？ 148

如果生命可以延长，你希望再活多少年？二十年，五十年，一百年，还是永远？ 158

你希望如何处置自己的遗产？ 166

我们应该悲伤多久？ 174

最后一餐想吃些什么？ 187

临终之时，你希望有怎样的感受？ 191

你希望大家在葬礼上如何纪念你？ 196

如何结束一次关于死亡的对话？ 201

致　谢　　　　　　　　　　　　　　206
推荐延伸阅读　　　　　　　　　　　208

第一章

接　纳

十月，狂风大作的一个傍晚，八个不太相熟的人来了，带着几分忧虑——可以理解，毕竟他们是受邀来参加"让我们共进晚餐并谈论死亡之夜"的。我的朋友珍娜拉来了她的先生布莱恩和她的医生朋友莫莉。一同来的还有学生辛西娅、表演艺术家贾丝明、纪录片制作人桑迪、企业家乔，以及刚搬来西雅图的埃莉诺，这是她第一次在西北地区度过秋天，她还得适应这里漫长的黑夜。

大门直通阁楼，天花板足有二十五英尺[1]高，角落里堆着书、乐高城堡、一个水晶鸟窝，还有其他奇怪的手工艺品。厨房里摆着一张双人大床，钢琴、唱片和唱机把房间塞得满满当当。整个场面就像中年嬉皮士的噩梦，好在热气腾腾的锅里飘出了宜人的香味。人们把大衣扔在床上，互相寒暄，彼此介绍。我继续烹饪晚餐。

客人们一到，我立即给他们安排了任务，摆桌子、点蜡烛、给杯子倒满水，让他们很是意外。在美国，我们招待客人的时候经常犯一个大错：我们总想扮演上帝或者玛莎·斯图尔特[2]，客人只需要表现得风趣幽默，然后赞美食物就行。但人类是群居动物，我们的价值来自我们的贡献。所以如果有人问"我能帮忙吗？"——他们总会这样问——我总有答案给他们。

客人们一起把不成对的盘子、刀叉和复古葡萄酒杯摆上桌的任务完成，发出阵阵欢笑，等大家坐定，这些陌生人也不会再偷偷查看手机时间，计算还要多久才能脱身回家了。

屋里灯光昏黄——晚餐派对给人的感觉应该像一个无伤大雅的秘

---

1. 合7.62米。1英尺=30.48厘米。——本书注释如无特别说明，均为译者所注
2. 玛莎·斯图尔特（Martha Stewart），1941年出生于新泽西州的波兰后裔家庭，早年是一名股票经纪人，后进入公共家居领域创业。2005年，斯图尔特首次跻身福布斯富豪榜，被称为"美国家政女王"。

密。它的灯光应该能让我们想起打着手电筒裹在毯子里的童年时光，想起篝火、洞穴、树堡、子宫。明亮的日光灯适合篮球赛，却会破坏晚餐派对的氛围。

食物漂亮但也简单：新鲜的橄榄油里浸着黄柠檬风味的胡萝卜，尾部有一点儿焦黑；甘蓝菜融合在烈性苹果酒、百里香和焦黄油中，十分香甜；银鳕鱼四周摆着炖葡萄，最后加入阿勒颇辣椒和巴纽尔斯陈醋。每道菜都用质朴的大盘子盛着，房间里浓郁的香味在告诉每一个人：来这里吃晚餐是多么正确的决定。

在过去五年里，这样的晚餐派对至少举办了十万次，陌生人、朋友、同事聚在一起讨论这个略显尴尬的话题。每顿晚餐都以一段简单的致辞开头。"开吃之前，"我说，"我想请每个人缅怀一位已经离开我们的人，这个人虽已离世，但曾给你的生活带来积极的影响。我建议，大家分享第一个出现在脑海里的人。别拒绝直觉——你之所以首先想到他，肯定是有原因的。告诉大家他的名字，他如何影响了你的生活，然后点一根蜡烛或者举杯向他们致敬。请把分享控制在一分钟左右，毕竟我们已经迫不及待想要享用美味了。"

一阵安静之后，我们之中最年轻的辛西娅兴奋地开口了："我想向薇莉贝尔·萨顿（Willibel Sutton）举杯，我的祖母，地球上最顽强的女人。"每个人都大笑着碰了杯。

接下来，辛西娅热切地与我们分享了祖母的故事。她字斟句酌，讲述祖父布巴是怎样追到了难搞的薇莉贝尔。他爱她胜过世上的一切，时常赞美她，称她就算穿个土豆麻袋都光彩照人。为了追求她，他日复一日地为她做晚餐。每天晚上，她用完晚餐，他就把一颗珍珠滚到桌子对面给她，一言不发。她把珍珠一粒一粒穿起来，戴在脖子上，等到了第十四夜，她有了一条完整的珍珠项链。他就是在那个时候求了婚。

表面上看，这个故事像是在讲辛西娅的祖父是如何浪漫有耐心。但辛西娅提醒我们，那是在20世纪50年代的南方，不是所有女人都能要求一个男人为她付出这么多的（还激发他一连十四天为她下厨）。薇莉贝尔打破了所有的社会规范。她超然独立，极具智慧，顽强而刚毅，是天生的领袖。对于那些有幸与她相识的人，她为他们付出直到生命的最后一刻。辛西娅谈到祖母坚决拥护平权，以及保护贫困者，同时她也说："老太太给我的爱十分猛烈，我很怀念被人这样宠着。她永远支持我，表扬我，鼓励我，指引我人生的航船，直到发不出声音为止。"

辛西娅的祝词交织着悲伤、幽默、快乐、痛苦、失去、个人生活，以及与来参加晚餐的其他人紧密相连的渴望。这些都是关于死亡、离世和永别的话题里最核心的内容。我们小小的九人餐桌不再摆设在西雅图，我们也不再身处2016年。我们来到了人类故事中的永恒之所。我们听见珍珠滚向餐桌的另一头，甚至感觉薇莉贝尔拉了一把椅子坐在我们身边。

说回现在。晚餐期间，我们逐渐发现，那天晚上辛西娅首先开口分享并非偶然，她早就想谈谈祖母了。她向我们讲述，她的妈妈因为失去母亲的悲痛而拒绝谈论祖母的死，这给薇莉贝尔离世的话题钉下了一块"禁止越界"的警示牌。辛西娅无法触及母亲的悲伤，因此祖母如诗般美丽的一生也成了禁区。我们需要首先彻底地悼念亡者，然后才能再次爱上他们。接受他们的离开，才能懂得他们留下的礼物拥有怎样的魅力。

分享继续进行，我们每个人依次举起酒杯，点燃蜡烛——莫莉纪念了她的邻居，当天她刚参加了他的葬礼；贾丝明纪念了一位表亲；布莱恩和珍娜纪念了他们的祖母，他们还用祖母的名字给大女儿起名；

桑迪纪念的是她挚爱的姑妈；乔纪念的是儿时的伙伴；埃莉诺纪念了教父；我像往常一样，纪念了我的母亲。每个人都全心投入。在关于死亡的对话里，没有人刷 Instagram（照片墙）。几个陌生人刚刚分享了躺在各自心底的东西，没有人谈论工作，也没有人抱怨，在总共十五分钟的时间里，一种深刻的人类联系得以建立。

现在该吃饭了。

***

一本书不是一场晚餐派对，我无法为每一位读者准备晚餐。但我想向你发出邀请：我邀请你帮助我改变人们谈论死亡的方式，让每次对话都带来一点儿改变。

有时候我很好奇，我们愿意为提升自我花费大量的时间、精力和金钱。我们总在想方设法变得更好，活得更好。我们参加疗愈和冥想课程、减肥、上健身课、管理开支。我们有着热衷于变化的文化，却没有意识到所有的变化都包含死亡与重生。类似的例子无穷无尽，想一想秋去冬至、冬尽春来，那就是最简单的变化。我们为活得更好而做的所有努力都没有将死亡纳入对话，可是死亡是最重要的人生转折。在死亡的语境里，我们不会讨论如何改善生活；我们也不去谈论如何"改善死亡"。在这个层面上，我想强调，死亡有多重含义：它既代表失去你爱的人，也代表接受"人终有一死，生活悲喜交加"的事实，还包括了"小型死亡"——那些我们为了成长和追求真实的自我而不得不令其死亡的东西。这本书的目的是让你我尽可能地了解死亡的诸多侧面，从而获得更多的自由和更强大的生命。

就让我们先从谈论死亡时使用的词汇开始——或者反过来，看看语言里的避讳。吴希娜（Chyna Wu）是一名研究悲痛的专家，也是一位教育工作者，她说朋友们经常提醒她不要在媒体材料里使用"死亡"这个词，而是用"去世"或"上天堂"来替代。"我告诉他们，如果连我都不说'死亡'和'死去'，还有谁会说呢？"从小在香港长大的她感觉到西方人对于谈论死亡有一种特殊的不适感。"我想可能是因为西药倾向于觉得死亡可以战胜。"吴希娜说，"这套语言和行为有很大的关系，比如'我们不会让它发生的。我们可以这样做，我们可以那样做。'"仿佛我们是动作片里的英雄，对手是邪恶的反派，人人都知道好人最后总会赢。我们是行动者，是救助者。在与死亡的对抗里，我们一定会取得胜利。

这种想法当然是谬见。我们越是深信于此，就会输得越惨。坦率地说，在死亡问题上我们有些不知所措。一方面，死亡无所不在：暗黑风格的电视剧特别吸引人，路遇交通事故时人们也会出于某种病态的心理放慢车速。可是我们能不能与他人谈论死亡呢？开诚布公地谈一谈？算了吧。生活在这样的矛盾里，我们便错过了联系、交流和疗愈那些富有价值的直面自身死亡的机会。

对此，我不仅有理论上的认知，也有个人生活上的经历。我出生的时候我父亲已经七十二岁了。我还在上小学的时候便意识到他有一些古怪。有一天，我和他单独坐在车里，我记得我当时很开心，因为只有我们俩，我可以独占我的爸爸。父亲仿佛发散着淡黄色的光晕，他的笑容里有一片冷静睿智的海洋，在他身边我感到一种超凡的温暖。我觉得我们颠簸前行的道路有一点儿不对劲，但是八岁的我说不出原因来。直到一个骑自行车的人朝我们愤怒地挥拳，我才意识到，周日那天我们开错了车道。爸爸驾驶着"老奔驰"偏离了机动车道，开进了黑丘牧场的自行车道里，闯入了一片只对自行车开放的森林。其他机动车离我们至少有半英里[1]远。

这件事就像唱片跳了一次针。音乐骤然停下,然后很快发展成针头缓慢、尖利的刮擦声。中轴脱落了,我没有意识到唱机的转轴早已摇摇欲坠。这块空洞被恰如其分地称作"一天36小时"或者"永远的日与夜",也被称作阿尔茨海默病。

此后五年间我几乎没见过父亲。原因很多也很复杂,但归根结底是因为一个非常简单的文化态度:在美国,我们不知道如何与他人谈论疾病和死亡,尤其不知道该怎样告诉孩子。更准确地说是我们忘记了。如果你跳出我的故事看一看,你会发现我们的文化对死亡是多么抗拒,我们应对和讨论终末期疾病与死亡时的能力是多么贫瘠,其造成的损害是不可估量的。

在最实际的层面,不情愿谈论死亡,使得我们每一天都在消耗自己的金钱。西奈山医学院(Mt. Sinai School of Medicine)做的一项研究发现,43%的医保人员在临终照护上的自费开销超过他们的总资产。医疗护理开支是美国个人破产的首要原因,其中最大的花费就是临终照护,尤其是住院费。大约80%的美国人希望在家中去世,但实际上只有20%的人做到了。超过一半的人都没能满足自己的心愿,或者说应有的权利没有得到保障,而且还花费不菲。人们毫无意义地拖垮了家庭,他们大多数人甚至根本不想接受极端昂贵的生命延长措施。可是他们没有和家人讨论过自己的想法,也没人过问。

我最喜爱的书之一《最好的告别》(*Being Mortal*)的作者阿图·葛文德医生(Atul Gawande)最近在国会发表演说,详述了临终询问的极度匮乏,并且满怀希望地提议,当病人的生命走向尽头时,我们应该

---

1. 1英里约合1.61公里。

询问他们的意愿：

要想了解病人的意愿，最有效、最重要的方式就是向病人询问。然而在绝大部分的时间里，不论是临床医生还是家庭成员，我们都不去过问病人。如果我们不问，我们提供的护理和治疗便常常偏离病人的意愿，使病人遭受痛苦。但如果我们问了，并且依照病人的意愿来进行护理工作，结果就会非比寻常……

只有不到三分之一的临床医生会在病人生命的最后阶段询问他们的目标。家人的表现也不尽如人意。而且我们即便是问了，通常也是等到临近最后的时刻才开口。

一系列的研究显示，患有重疾的人如果与医生讨论过护理的目标和愿望，结果将会大大改善。他们遭受的痛苦更少，身体状态更好，并且能在更长的一段时间里与他人更好地互动；其家人经历抑郁沮丧的情况也显著减少。病人早进入临终关怀中心，并不会更早地死亡，实际上，平均来看，他们的寿命反而更长了。

可是有了这些信息之后该怎么做？最近几年，呼吁人们行动起来的政客被塑造成了鼓吹"死刑"的形象。医生、医院和保险公司往往受迫于预算压力、诉讼威胁以及当下临终关怀系统的限制。现在虽然有一套针对临终对话的医保政策来分担医生和社会工作者的压力，但初步研究显示，这一措施对于临终对话的数量和质量并无改善。我们甚至很少在医学院教医生和护士如何开启这样的对话。

我们很有可能会在医疗领域损失金钱，比方说，如果不能诚实地面对自己的健忘，那么人们不仅在财务上更易犯重大错误。也更有可能被占便宜。美国每年大约有五百万老年人遭受经济剥削，而且还有相当多的瞒报案例（部分是出于难堪），难以得到准确的数字。

另外，死亡本身也有代价。无数悲痛的家人走进殡仪馆，由于事先没和逝者讨论过，在挑选棺材和葬礼方式的时候只能听凭殡葬礼仪师的安排。被悲痛笼罩的家人往往会毫无必要地花更多的钱，试图履行某种义务。而逝者永远不会向他们如此索求。

逃避死亡带来的情感创伤不那么直观，却是一剂毒药。得知我父亲去世的时候我十三岁，那天是万圣节。我照常和朋友们出门讨糖果了，没告诉任何人发生了什么事。母亲不知道怎样谈论父亲的疾病，怎样表达她的感受，也不知道如何开启一个话题让我们探索内心的悲痛。我们之间不谈父亲，甚至根本不怎么说话。由于无法向身边的人诉说心里的难过和失落，我感到很沮丧，很困惑而且非常孤独。

一场被压抑的对话就像一个秘密，在人的心里占据了一处位置。

和家人待在同一个房间里会激活这种痛苦，所以我们避开彼此。美国国家卫生研究院（National Institutes of Health）最近的一项研究发现这的确会带来像吃下慢性毒药一样的效果。研究总结称："每当你想起深藏在心里的秘密时，应激性激素如皮质醇的水平会急速升高，影响记忆力、血压和新陈代谢。"皮质醇水平持续过高，会造成从高血压到焦虑等诸多今天常见的健康问题。我的家人从不谈论心里的想法，所以远离彼此是我们最安全、最健康的做法了。

二十岁出头的吴希娜在短短三个月的时间里相继失去了双亲。当时她的模特事业蒸蒸日上，她把所有精力都投入在美国的工作中，仿佛海水能分隔她与家，隔开悲伤。抑郁偷偷潜入了内心，但她继续做着工作，没有对任何人说起过自己的悲伤。直到几年后进入大学，痛苦才渐渐浮现。有一次她去校医院看一个小病，护士问起她的家人，希娜讲到双亲已经离世时，终于崩溃了。护士说："天啊，这种创伤性经验你是怎么应对的？"

"那是我头一次听说自己有创伤性经验，"希娜说，"那只是冰山一角。"

卡伦·怀亚特（Karen Wyatt）是一名临终关怀医师，她还记得父亲自杀后自己孤立无援的感觉。卡伦的朋友们不知道该说些什么，也不知道该怎么办，因为她父亲离世的方式太特殊了——那是不可碰触的话题，所以朋友们并没有露面。不过，偶尔来卡伦家打扫卫生的女工站了出来。在一个没有工作安排的早晨，她来到了卡伦家的门前，一手捧着一株植物，一手拿着吸尘器，打算尽力提供一些帮助。多年之后，卡伦说，她的朋友们很后悔没能站出来帮助她，而卡伦自己也遭受了和朋友一样的内心折磨。多年来，她都避免与母亲和哥哥进行任何有意义的对话，因为这实在是太痛苦了。当他们终于谈起父亲的死亡时，已经是二十年之后了。如同大坝决堤一般，他们终于重新找到了彼此。卡伦和母亲度过了七年的亲密时光，直到母亲离世。但她却丢失了二十年的时光，这份损失该如何量化？

/ 潜能 /

在我看来，情况已经很明显了，是时候面对这个不可回避的问题了。我们需要一场民间运动，我们需要以群体为单位来面对死亡的问题，而不是孤立的个体。我们不应该只在葬礼、律师事务所和医院这些场所讨论亲人去世的话题。因为你在感到恐惧、受挫和悲伤的时候是无法进行深入讨论的。只有身处舒适的环境，没有直接的危机时，这样的对话才能发生。

只要环境适宜，"困难"的对话也不见得困难。它能释放你的内心，甚至带来改变。

它能让我们的联系更加紧密，让我们触碰到人性本身，并提醒我们什么是生命中真正重要的事情。它能让我们比之前更强壮，更智慧，更勇敢。它能让我们做好准备，进行下一场对话，如果危机或不治之症真的到来，我们将有能力比过去更从容。

有明确的研究结果显示，和家人、医生以及看护人员坦诚交流临终愿望能有更好的照料效果，减少痛苦，并延长生命。谈论死亡甚至被证明会提升人的幽默感，使人更愿意欢笑。

你的临终愿望如果不说出来，是肯定没法实现的。设想一下，最后的日子里你希望怎样度过：有谁在身边？想不想留在医院？会举行葬礼吗？葬礼上想放什么音乐，由谁发言？遗体如何处理？希望大家如何纪念你？——把愿望告诉亲朋好友，除了让他们有能力纪念你之外，还可以给他们带去平静的心境，允许他们适度哀悼，不用承受怀疑和愧疚的重负。我的朋友露西·卡拉尼什（Lucy Kalanithi）是一位遗孀，她完成并出版了丈夫的回忆录《当呼吸化为空气》（When Breath Becomes Air）。最近她告诉我，在她看来，与丈夫保罗谈论死亡将至的话题形同第二次婚礼誓言——那是一场神圣的交换，一份愿景，一个值得追随和尊重的誓言。

伊丽莎白·库布勒-罗斯（Elisabeth Kübler-Ross）曾经说过："人们的生活空虚而没有目标，部分原因在于拒绝面对死亡。因为假如你认为生命可以永远延续，就很容易把明知道必须要做的事向后推延。"谈论自身的死亡和所爱之人的死亡，其实也是在谈论生命。死亡是面大镜子，谈论死亡的时候不必带着恐惧或病态。和我同样来自西北部的迈克尔·米德（Michael Meade）对此有着颇为深刻的见解："如果一个人来到死亡的门前时已经活出了自我,他作为'人'的角色才算得到了充分的实现。"

如果我们将生命和最终的死亡掌握在自己的手中,就能让其他人更坚定地面对我们的离开,而不必在犹豫不决的混乱中晕头转向。如果医生和护士能从我们每一个人这里得到明确的指示(照护事前指示、明确的委托授权书、医保代理),如果家人了解我们在生命的终点希望得到怎样的关怀,知道我们希望如何处理遗体、如何被亲友纪念,他们的情感和经济压力将大大获得缓解。

只要把计划的过程变为一次机会、一项欢快而重要的活动,同时尊重自己也尊重所爱的人,我们就能改变我们死亡的方式,也能改变我们活着的方式。对我们来说,接受近亲离世或者为自己不可避免的终点做准备,将是一件非常艰难的事。本书的目的是让准备和计划的过程变得容易一些,甚至美好一些,不论你未来面对的是一场意外,还是终点线前的一曲华尔兹。

请不要将我的乐观错认为妄想。我明白这个领域会有多少困难,我明白前路并不光明,但是我相信,每个人都有能力走进这条峡谷,只是时间有先有后,方法不尽相同。我希望本书能为你指引前路。

/ 一场温和的变革 /

格雷格·伦德格伦(Greg Lundgren)是一位专为逝者创作精美纪念碑的知名艺术家,他说:"死亡总被认为是一件扫兴的事。"这并不是说死亡不可悲、不可怕——死亡很糟糕,尤其对英年早逝的人来说——但是,格雷格指出,尽管没机会重写历史,"我们却有办法用死亡来创作一些精美的事物。死亡让我们有机会将世界变得更美好"。

在本书里你将读到很多故事，告诉你仅仅谈论死亡就可以让世界变得更美好。它可能是以多人关系的形式进行：两个家庭成员在车里谈话或是六个陌生人坐下来共进晚餐，通过谈论死亡，他们变得更加亲密，彼此相连；也可能是以一种私人的形式进行——接纳关于死亡的对话能缓解个人的焦虑，改变他们的人生观。

阿莉·霍夫曼（Allie Hoffman）是一位社会运动家，在柬埔寨工作多年之后，她回到了美国，此时的她正处于人生中一个非常消极的阶段。在柬埔寨时，她见证了贫穷、见证了猖獗的色情观光业，以及人性中最丑恶的部分。"我的心态很黑暗，心里想的是'在这个世界上你只能靠自己，别人都会撒谎、欺诈和背叛你。'我当时相当推崇个人主义，认为'别天真地以为有人能让你依靠，要自己坚强'。那个地方到处都透着紧张，死死地缠住了我。"

回美国一年半以后，她和布里塔妮·梅纳德（Brittany Maynard）相遇了。布里塔妮二十九岁，患有严重的脑肿瘤即将辞世。布里塔妮把家从加利福尼亚州搬到了俄勒冈州，因为那里有《尊严死亡法》，在她生命的最后几个月里，她希望发起一场运动，提高人们对该问题的关注度，改变大众的看法。布里塔妮的努力大获成功，她在阿莉为她拍摄的视频里解释了自己的选择，视频立即红遍网络。有段时间，到处都能看到布里塔妮的脸，她的生命和死亡也确实影响了"死亡权"的相关法律。阿莉为布里塔妮组织了一场社会运动。不论你是否赞同布里塔妮·梅纳德的选择，她对阿莉的影响是毋庸置疑的。

"布里塔妮让我认识到，"阿莉说，"当你时日无多的时候，最重要的东西是爱。爱会伤害你，也会带给你狂喜。被爱是人类的特权，我们活着是为爱服务的。这堂课从方方面面影响了我的人生，我花了好几周的时间静静坐着，盯着海洋和浪花。过去的我用坚硬的外壳包裹自己，把自己完全置于开放和为爱服务的对立面。"

虽然阿莉的转变非常个人化，但在更大的层面上，布里塔妮以真诚开启的这场对话打开了更多的心扉。丽奈特·约翰逊（Lynette Johnson）也有同样的经历，她在西雅图儿童医院为绝症患儿拍摄照片。一位记者曾经写了一篇介绍她工作的报道，投稿给《西雅图时报》（Seattle Times）但被退稿了，理由是人们可不想在周日早餐时阅读和孩子死亡有关的话题。本来故事到这里就结束了，毕竟"人们不想阅读和死亡有关的话题"的观点根深蒂固，但记者把这个和丽奈特工作有关的故事投稿给了更多的媒体，《人物》（People）杂志最终接受了。公众对于相关讨论的渴望显而易见，于是丽奈特创办了点亮灵魂（Soulumination）组织，这个组织如今已经拥有60位摄影师，每年能帮助数百个家庭。若不是那位记者挑战了"人们不想阅读和死亡有关话题"的观点，摄影师们为这些悲伤的家庭所做的善举就永远无法起步。

与此类似，传奇畅销书《相约星期二》（Tuesday with Morrie）（后来还衍生出一部电视电影——由杰克·莱蒙饰演莫里·施瓦茨——以及一部舞台剧，二十多年来在世界各地的舞台上上演）差点儿没能顺利出版。最初是《波士顿环球报》（Boston Globe）的一个标题吸引了《晚间报道》（Nightline）节目资深制作人理查德·哈里斯（Richard Harris）的目光——"一位教授的最后一课：关于自己的死亡"。理查德立即带着布兰迪斯大学这位患绝症的教授的资料，来到泰德·科佩尔（Ted Koppel）的办公室。

科佩尔读了报道，让理查德打电话问莫里是否愿意接受采访。科佩尔一直想在《晚间报道》上做一期关于死亡的节目，科佩尔在英格兰长大，少年时来到美国，所以他注意到在死亡话题上美国人比英国人更加缄默。所以，莫里教授愿意打破美国人的步调谈谈自己罹患肌萎缩侧索硬化症（ALS）来日无多的事，这极大地激励了科佩尔。

科佩尔的上司——ABC新闻的主管鲁恩·阿利奇（Roone Arledge）对此持怀疑态度。"你为什么想做一期节目讲一个快去世的人呢？这话题太沉重了。"阿利奇这样告诉科佩尔。但科佩尔还是前往波士顿采访了莫里。节目大获成功，并且成为科佩尔职业生涯里观看人数最多的采访之一，此后他又做了两期节目，直到莫里向疾病屈服。

莫里以前的学生、一个体育新闻记者米奇·阿尔博姆（Mitch Albom）偶然看到了第一次采访的节目。他给莫里打了个电话，受邀前往拜访。接下来的六个月里，每到星期二，阿尔博姆就去拜访莫里，为写书收集素材。他希望这本书能补贴一些莫里的医疗费用。这本书在与各家出版商接洽中接连碰壁，理由经常是阿利奇说过的"太沉重了"。不过就在莫里去世之前，阿尔博姆终于能告诉莫里，书就要出版了。《相约星期二》后来成了出版史上超级畅销的回忆录。这本书在二十年间激励鼓舞了数以百万计的读者。而那些不愿冒险的出版商不温不火的回复，差点儿扼杀了这个奇迹。

如果有谁不愿触碰这个话题，我不会苛责。我本人在全球各地主持过数百次晚餐，讨论死亡、失去和临终准备，我从中了解到的最清楚的一件事，就是这样的对话进行得太少。仿佛大家决定集体沉默，就像村庄中了诅咒，以至于我们已经忘记了该怎样谈论死亡。我坚信，我们在内心深处都知道该如何面对那份痛苦——共同面对——但我们需要迈出艰难的第一步，开启讨论。

那么，让我们开始吧。

第二章

邀请

瓦雄岛上大雨倾盆，看起来像一团大雾。我紧张地走下饱经风霜的渡轮，不知道会有多少人愿意在这隆冬的暴风雨夜出来听我谈谈死亡。瓦雄岛上大约有一万名居民，但他们平时不怎么出门，尤其在冬天。小岛当周举办了十几场有关死亡的活动，他们称之为死亡的贺宴，我的演讲是其中之一——我怎么可能拒绝这样的活动呢？

高中教学楼几个月前才刚刚竣工，楼体光洁得像一辆崭新的轿车。闪闪发亮的石子步道在种有白杨的生态湿地和本地植物的微型森林中蜿蜒铺开，整个地方闻起来有种森林深处的味道。楼的正面是三十英尺高的水晶玻璃，向外伸展出去，仿佛建筑在向人致以问候。门打开了，十几位面带微笑和热情的老奶奶拉着我把我迎了进去，看起来我的出现让她们异常兴奋。我从没见过我的祖父母，所以这种感觉既新奇又有些难以应对——很温暖暖人心，但又不太舒服。显然这些老太太很有兴趣见见"那个讲死亡的小子"。

一个十四岁的女孩站在一段长长的台阶顶上，身穿格子呢裙，头发仔细地编成辫子，手里那八爪鱼似的深色音管的风笛把她衬托得容光焕发。没等我反应过来，超俗的音乐就已经响彻了大厅。我走进演讲厅的时候感到泪水在眼眶里打转，但是我忍了回去。厅里几乎座无虚席，直到听到风笛奏出悲伤的乐曲，看到几百个穿登山靴过来的西北部居民，我的眼泪终于涌了出来。我不自然地轻轻拍了拍脸，决定丢掉我的讲稿。我让每个人闭上双眼，把心情平静一下。我先是开了个玩笑，说以后如果再做演讲我一定要增加风笛演奏环节。然后我让大家想象一个已经离开我们的挚爱之人。这也出乎我的意料，虽然每次举办死亡晚餐我都会用这个问题来开头，但我以前还从未在演讲里这样做过。"一旦你心里想好了这样一个人，"我说，"就想象一下你正在参加一场华丽的晚宴，美食刚刚出炉，香气芬馥。餐桌边坐着那位已经离开的人,和他关系最亲密的人们也在互相交谈。房子里充满欢声笑语。我们现在就要坐下来,吃一顿充满故事和欢乐的晚餐。"

等大家睁开双眼,我解释说我不想做一场台上对台下的演讲,把大家聚在餐桌边让我感到更舒畅,我想用一场很棒的晚餐派对向所有人施放魔法。然后我让大家说出脑海里想的那个人——不用按什么顺序,直接在演讲厅里说出来就行。丽贝卡、玛丽、大卫、哈维尔、伊丽莎白……人们念出五十多个名字,一些名字被喃喃说出,一些名字被大声宣告。然后出现了一件令人难忘的事,那是我们纪念先人的时候都会经历的:时间停止了,突然间你觉得所爱的人以某种方式出现在这个房间,就在此时。当你面对灵魂——我并不是说你得拥有信仰或者灵性,我的意思是当你身处一间老旧的充满爱的大教堂里——你的体验会更深沉,更缓慢,质量也更高。

那天晚上的演讲是我做过的效果最好的大型演讲之一,甚至超过我在一些小群体里的体验。我没有邀请他们,真的,相反是他们邀请了我。我们共同登上一条美丽的船,在死亡、心灵和失落中徜徉,看一看我们自己想要度过怎样的余生。

***

在澳大利亚的墨尔本,五月里一个明媚的早晨,我没有收到同样的效果。我站在一个了无生气的酒店会议室的讲台上,看到台下五十多双原住民的眼睛像石头一样木然地盯着我。我已经讲到了一半,却没有打动一个人。

小时候,我借助魅力和与人的关系来获得关注和爱。在我家,要想得到关注,你得学会逢场作戏,但并不是真的要付出多大的努力。

而在家里没有获得的爱，我会想办法在学校里得到。我既能让老师们都喜欢我，也能成为明星学生眼里的焦点，还能得到边缘人群的喜爱。我爱死受欢迎的感觉了——至今也是。然而，我作为孩子、年轻艺术家、餐厅老板和晚宴主人学到的所有经验，在那天早晨的讲台上全部失效了。

我结结巴巴地念着数据，介绍我们这个小项目是如何在极短的时间里取得成功的。我分享了我们创业的经历——众筹到1.1万美元，激励了超过十万次的晚餐派对——这个故事通常很受欢迎，可是面前的听众依然无动于衷。

没必要再继续讲下去了。我和"晚餐时谈论死亡"（Death Over Dinner，DOD）的联合创始人安吉尔·格兰特（Angel Grant）刚刚在澳大利亚启动这个项目时，它就像一场辉煌的盛会。我们参加了最华丽的脱口秀，上了所有主流的广播节目，报纸新闻连续十天头条报道，总理邀请我们共进午餐，我们还在澳大利亚的《60分钟》（*60 Minutes*）里和最著名的影星及政要一起录了一整期节目，把一场完整的死亡晚餐搬上了银幕。项目发布的那一周，不可思议的成功冲昏了我们的头脑。然而在那个早晨，一切都不重要了。五十个原住民领袖，对我的魅力不为所动。

和在瓦雄岛时一样，我决定脱稿，不过这次的理由正好相反。我合上电脑，从讲台走了下来，问屋子里的人喜欢我们这个项目的哪些方面，或者不喜欢哪些方面。我问得很诚恳，一个老太太立即回答了我。

"名字。我对名字没感觉。"

我请她详细说说。

"晚餐时谈论死亡，"她皱着眉头想了一阵，"我们不说死亡。"

"您的意思是？"我问。

"我们管它叫回家。"

屋子里涌起一阵骚动，有人点头、有人轻笑，每个人的眼睛里都闪现出一丝光彩。"好的，"我说，"'回家'，很美妙。还有别的地方让你不喜欢吗？"

"晚餐，"她说，"我们不说吃'晚餐'——这词太花哨了。我们就说好好吃饭。"

屋子里热闹起来，有几张桌子爆发出笑声。各种新词让我几乎迷失方向，但我最终弄明白了，"晚餐"是要事先通知的，而"吃饭"在哪里都可以发生。

"那么你们吃饭的时候都做些什么呢？"我问道。

"吃很多东西，讲很多故事。"有人插话道。屋子里顿时热闹了，这就对了，这就是面对一群人做演讲的时候你希望达到的效果。

我们取得了一些进展，我那些紧张的澳大利亚主办人，脸上也渐渐有了光彩。原本这场就是整个星期所有的发布活动中他们最担心的。

我转向第一个发言的老太太："那么假如我们抛弃现在的名字，开启一个全新的项目，起名叫'吃饭的时候我们讲关于回家的故事'，你觉得怎么样？"这在观众里引起了一两声欢呼。一些人慢慢点了点头，接纳了这个名字。我看到屋子里的人在互相示意，交换意见，在场的老人仿佛在无声中进行了一次投票。

然后那位女士回答道："是的，这样可行。"

我走下台，大家围着桌子热烈地开始头脑风暴，讨论这顿饭会是什么样子，都有谁参加，谁需要这样的晚餐，该怎么组织，由哪些人来陪伴。一个小时后，我们已经给一个全新的项目搭好了基本框架。第二天早晨，主办方用温暖的拥抱送别了我们。在我们离开之前，澳大利亚最大的辅助护理设施机构已经承诺为项目提供资助。

瓦雄岛和澳大利亚的鲜明对比让我明白，邀请大家谈论死亡的方法不止一种。有时候我们使用语言，但语言并不是唯一的途径。每一场关于死亡的对话都是独一无二的，如同每个人的内心。DNA、遗传、童年、文化、创伤、自我、自尊、伤害、欢乐、痛苦——所有的因素在内心织出无穷的变化。这里面总会有一把钥匙开启内心，关键在于找到它。

/你准备好了吗/

我被问得最多的问题之一，是怎样让年迈的父母或者祖父母把他们与死亡有关的愿望和信念告诉我们。向我提问的人一般都很紧张，这可以理解。通常他们是感到亲人的状况越来越差，再不谈谈就危险了——可能是身体上的，也可能是精神上的，譬如不应该开车的父亲开车出了门，或者不应该炒股的父亲坚持要进行复杂的股票交易。我理解。我写这本书的原始动机，就是相信对死亡避而不谈会给我们带来各种各样的痛苦。然而我对这个问题的回答始终是一样的：如果他们没有准备好，你就不能强迫他们谈论死亡。否则是不会顺利的，不会的。

本书的书名虽然具有倡导的意味，但我绝不认为我们可以贸然对某人说："嘿，让我们来谈谈死亡吧。"你必须多加小心，慢慢地来，即便你觉得时间已经不多了。这是一场自由决定是否加入的对话。

要先获得别人的信任，首先要营造一个让他们感到舒适，愿意谈一谈的环境。创造一个他们愿意进入的场合。如果对方表现出抗拒，想一想你询问的方式是否合适。你是怎么引出话题的？你是否有所预期，带着"应该谈谈"的心态？你是不是觉得"应该"进行这场对话，如果对方不愿意，就是对方有问题？这样是行不通的。把你对回答的所有预期都拿掉，坦然接受他们的拒绝。假设你会遇到棘手的问题和困难，你必须诚实，必须冒险，必须坦白弱点，必须倾尽魅力，以及展示自己最好的一面。

谈论死亡意味着一个人需要暴露出自己最脆弱的一面，因此请理解他们需要花一点儿时间来打开心扉。盖尔·罗斯（Gail Ross）记得自己曾不停地追问身患癌症的妈妈，有关她的临终照护和葬礼的事情。她的妈妈在一个正统的犹太教家庭长大，但成年后，她就不怎么遵循教规了。在她的葬礼上要保留多少犹太教的习俗？她丈夫的墓地旁有一块留给她的位置，但他在几十年前就去世了，而且新泽西的葬礼方式好像不适用于曼哈顿。盖尔的妈妈总是说："我现在不想谈这个。"或者"我还没准备好谈这个。"这让盖尔打起了退堂鼓。但她还是会温和地再次提出来。"妈妈，"她会这样说，"你总得了解这些事。"渐渐地，她们开启了对话。

我邀请过无数的人来与我探讨死亡。你相信吗？我通常是通过电子邮件来播下种子的。作为对话的发起人，你发邮件时会有足够的时间考虑以什么方式提出话题，而收件人也能有时间思考该如何回复以及是否愿意加入。你可以简单地发一篇关于死亡的文章，再加一句评论，比如："我觉得这篇文章挺有意思的，想和你多谈谈这个话题，有兴趣吗？"如果你打算主持一次晚餐来讨论死亡话题，我们为你准备了一份操作模版可供参考。

这大概是我发过的最不同寻常的晚餐邀请了，请多多包涵。
我认为我们会收获一次难忘的经历。
如果你愿意花时间出席这次晚餐，加入一场关于死亡的对话，我将不胜荣幸。这样的对话并不可怕，相反会非常人性化，我们可以思考活着和死去时内心的真正愿望。通过分享对于死亡的想法和感情，我们能够从容地走出恐惧，摆脱拘束，与心爱的人缔造更深刻的理解和联系。

我发出探讨死亡的邀请后也遭到过"我还没准备好"的拒绝。晚餐上的邀请也得到过"我们不太愿意在这种场合讨论这些话题"的回答。这很合理，因为那个场合或时间并不是对每一个人都合适。如果别人对你说"不"，不必觉得遭到了拒绝。别人的回答与你无关，注意不要让拒绝打击了你的自尊心。如果想做出改变，那么就发出邀请，表达出讨论的意愿，这样就能推动改变发生。但你所能做的实际上也只有这些。

/时间、场合、对象、原因、方式/

关于死亡的对话需要考虑的问题太多了，充满各种各样的假设，比如"时间总是不合适""会让父母觉得沮丧""我的配偶已经很抑郁了""他刚刚失去亲人""会惹得他们生气发火""要组织这样的对话，我觉得自己还不够坚强，条理也不够清楚"等等无数的理由让人开不了口。而我们之所以需要这样的对话，原因却很简单：你的生活会因此变得更美好，你爱的人生活也将得到改善。

很多人对我说家人和朋友不愿意谈死亡的话题，而实际上他们根本没有开口问过。我们总觉得父母害怕讨论关于死亡、临终、高级护理计划等话题，其实这是个严重的误解。因为父母年纪大了，所以我们就推断，死亡话题对他们来说一定是非常可怕的。我理解这个逻辑，但实际情况往往并非如此。在我妈妈的葬礼上，她的朋友们开了很多关于死亡的玩笑，多到让殡葬师感到难堪。在西非地区的葬礼上，悼念者往往是年轻女性，年长的男性坐在后排，全程讲着黑色笑话，挨个儿点评下一次会轮到谁。

人们不断地对我说："我根本不可能跟他讨论死亡——他都快死了！"可是即将离世的人常常是希望谈谈死亡的——他们对这个话题的思虑比其他任何人都深，却无法与他人讨论，这让他们感到孤立无援。正因如此，当一个在疗养院工作的护士提议举办一次讨论死亡的晚餐时，老人们表示只要能邀请他们的子女也来参加就行。"这样我们就可以谈谈那些他们没勇气问我们的东西。"也因如此，患有胰腺癌的史蒂夫坚持要求疗养院的工作人员都要知情。"没必要隐瞒什么，"他说，"很明显我生病了，我不希望任何人回避我的病。"在家人当中，他是最渴望谈论自己疾病的人，谈谈病情发展到终末期后的情况，以及在疗养院的生活。

人们还常常问我关于儿童的问题。是否应该邀请儿童也参与讨论？答案很简单：看情况。如果儿童感到好奇，对讨论表现出兴趣，我会鼓励他们参加。当然，如果他们有过亲友去世的经历，或者主动提了很多问题，那么父母应该对他们坦诚相告。

此外，我认为和持有不同观点的人谈论这个话题也很重要，并且富有启发。关键在于，第一，以好奇和尊重搭设讨论的框架；第二，记住我们作为人类，彼此之间的共性远比差异要大得多。关于这一点，我有过印象十分深刻的经历。当时我和安吉尔去纳什维尔市与参议院前多数党领袖比尔·福里斯特（Bill Frist）进行过一次死亡晚餐。餐桌上有很多传奇人物，如文斯·吉尔（Vince Gill）和艾米·格兰特（Amy Grant）。面对他们，我并不紧张，不过我来自西北部，这倒让我感到紧张，因为我们那里的人是出了名的政治自由，并且对于灵性的解释不太符合教会的要求。那是我第一次去南方主持死亡晚餐。万一晚餐发展成政治观点的辩论怎么办？假如我和上帝、灵魂的关系不够传统，他们叫我下地狱怎么办？

我在那天晚上学到的是，关于死亡的讨论是比政治或信仰更深层的问题。我们那天晚上没有产生一丝分歧。谈论死亡完全不同于评价彼此的信仰，它不是一场说教。在死亡面前，我们每个人都是孩子。因此在我看来，有一种纯真和意愿能够跨越文化、政治、种族和性别差异，让我们彼此建立起深厚的联系。在那天晚上的三个小时里，我们获得了强烈的归属感。桌上的每个人都落泪了，这刷新了我"南方男人有泪不轻弹"的观念，原来他们也会显露自己的感情。比尔·福里斯特回顾说，这些简单的问题"打破了拘谨。人们应当谈论死亡。这场对话就像给烧开的水壶揭开了盖子"。

/ 餐桌上的一席话 /

我尤其喜欢在晚餐的时候谈论死亡，这是我的特殊偏好，因为晚餐时的餐桌是我们人类最重要的文化熔炉。烹饪和集体进餐推动了我们从猿进化成人，而餐桌是我们的茧和蛹。正是因为烹饪，让我们实现了进化的飞跃。猿猴每天要花七个小时来咀嚼，以根茎类植物和水果为主的饮食结构要求猿猴拥有很大的胃和格外强壮的颌部。当我们开始用火烹饪食物，我们相当于把对胃的容量要求外包了，因为烹饪能将能量集中起来，也让食物更容易消化。人类平均每天只花二十四分钟来咀嚼，由于我们不再需要强壮的颌部，它便萎缩了。大胃让位给大脑，大脑占据了颌部多余出来的空间。所以正是晚餐造就了今天的我们。

餐桌并不是一直对我都有这么大的吸引力。青少年时期我把大部分时间都奉献给了"马里奥兄弟"和麦片，直到快成年了，我才明白餐桌的重要性。当时我飞到缅因州和姐姐温蒂一起住，那是个田园诗般的沿海村庄。温蒂比我年长二十岁，嫁给了一个才华横溢的医生，两人有一个九岁的儿子，很淘气。食品合作社和农贸市场开门的时候，温蒂每两天会去一次，买回好几蒲式耳[1]的农产品、牧场散养牛的肉、本地的奶酪，还总会有适量的法国葡萄酒。她每晚都亲自下厨，还会花好几个小时待在厨房里。很显然，她十分热爱从购物、烹饪到为家人奉上美食的整个过程。我对此非常着迷，几乎每天下午都坐在厨房柜台边上和她讨论哲学和灵性的话题，或者向她讨教烹饪的技巧。在此之前我从未体验过类似的晚餐仪式。我们打开一瓶好酒，掰一块手工制作的面包，聊我们一整天的经历。这是人类最古老、最简单的仪式，我彻底爱上了它。我得到了被关注、被理解的感觉。我们争吵过，辩论过，也哈哈大笑过，我们聊过性和毒品，也聊过俗世和灵魂。

在进餐的时候聊天，首先"开口"的是食物。人们带着爱与关怀烹饪出来的食物，会拥有一种独特的甜香。不是某种香气，而是一些你遇到就会识别出来，难以定义的东西。这就是家庭烹饪的力量，是刚出炉的面包的力量。当你仔细地准备晚餐，花时间挑选食材，即使是最简朴的一餐，它的味道也会告诉我们的中枢神经系统我们很安全。萨拉·威廉姆斯（Sara Williams）创办了一家死亡餐馆（Death Café），算是一个俱乐部，位于北卡罗来纳州教堂山的郊外，人们可

---

[1]. 蒲式耳（bushel）是英制的容量及重量单位，于英国及美国通用，主要用于量度干货，尤其是农产品的重量。通常1蒲式耳等于8加仑（约36.37升），但不同的农产品对蒲式耳的定义各有不同。

以聚在这里一边讨论死亡，一边享用从甜点到墨西哥菜的各类美食。她是这样说的："谈论死亡的时候，吃点东西会比较好，食物能提醒你还活着。"

一起掰面包象征着人们彼此的联系，在圣餐礼中还代表更多灵性层面的联结。正如维塔斯临终关怀医院的医学主管最近说道："过去有一场著名的死亡晚餐，到场的人包括一个知名的激进思想家以及他的十二名门徒。他告诉他们自己时日不多，并详细指示门徒如何处理遗体、如何在他身故之后传播他的教义。"

政敌也能坐下来共进晚餐。历史的重要时刻多次出现在精心准备的晚宴餐桌上。1790年6月，托马斯·杰斐逊、詹姆斯·麦迪逊和亚历山大·汉密尔顿就是在餐桌上讨论了美国未来的金融体系，确定了美国的首都。几千年来，餐桌一直是最小型，却又最高效的文化引擎。海明威在格特鲁德·斯泰因家的餐桌上遇见了毕加索，碰撞出了一场名为"立体主义"的艺术运动的火花；纽约州北部，塔克西多帕克的晚餐孕育了雷达，这是堪称帮助盟军取得第二次世界大战胜利的最重要的发明；月光社的科学精英们，一月一度聚集一堂对氧气的发现大加辩论和修正；弗吉尼亚·伍尔夫、约翰·梅纳德·凯恩斯和他们的朋友们——也就是后来知名的布鲁姆斯伯里团体——每周相聚在餐桌边，不仅推动了现代文学兴起，还催生了我们经济学的支柱——凯恩斯经济学。如果继续向前追溯，苏格拉底和柏拉图在古希腊满是珍馐美馔的会饮，可以被视为民主以及我们法律体系的起源。

抛开这些宏大又有些隐秘的历史故事不谈，只要我们吃晚饭，晚饭的餐桌就是家庭生活的核心所在。我们在餐桌上了解彼此，也认识自己；我们在餐桌上学习如何交谈，获得对道德的理解，也可能在餐桌上第一次遇到了不公平的对待。不论我们的经历是好是坏，餐桌都是我们的老师。重要的晚餐塑造了历史和世界的面貌，家庭里的晚餐则以比较小的规模悄悄繁荣。

假如你打算在餐桌上谈论死亡，我有几点建议。第一，一切从简。如果准备食物的工作过于繁复和紧张，客人们会感受到的，你也容易分心。第二，接受大家的帮助。一起工作是最好的破冰方法，即便只是摆设餐具这种简单的任务。第三，进餐前先向某位过世的亲友祝酒，并鼓励每个人谈一谈脑海中想到的第一个人，时间控制在每人一分钟。可以从本书里挑选三到四个提示问题来使用，但不必太有野心，因为这不是比赛。选择你觉得客人们最容易接受的问题，但假如话题转到了别的方向，也不必坚持。如果气氛变得情绪化，就顺其自然。警惕抚慰悲伤情绪的冲动，控制住自己。但是如果你感觉现场即将失控，就用一个相对轻松的提示问题把话题拉回来。最后，在结束之前让大家互相致敬，告诉坐在左边的人，你最钦佩他的哪些方面。这个步骤会让夜晚温暖地收场。

/ 隐喻式餐桌 /

我相信餐桌的魔力，同时我也相信，在快餐店、啤酒馆，或者在小区散步的时候，你也能建立起安全感，开展有意义的关于死亡的对话。这样的对话可以发生在瓦雄岛的高中礼堂，也可以发生在墨尔本的一间会议室。对一些人来说，餐桌并不是最实际的选择，甚至不是释放情感的最佳选择。很多人比较反感在餐桌上即兴回答问题。有的人更喜欢把回答写下来，并且花几周的时间反复思虑；有的人只愿意抽象地谈论死亡……至少一开始时是这样的。

书籍一直是开启对话的有力工具，因此你可以建议大家阅读一本书，例如《当呼吸化为空气》《相约星期二》或者凯特琳·道蒂（Caitlyn Doughty）的著作《烟雾弥漫你的眼》（*Smoke Gets in Your Eyes*），然后探讨其中的一些主题。如果你感觉读书的负担太重了，或者谈话对象确实不爱读书，那么可以给他发一篇可能会触及个人经历的文章，一篇有感情的富有启迪的文章。每一个人进入话题的方式都各不相同。比方说，假如他是退伍军人，可以选一篇讨论士兵如何面对死亡的文章；如果他是宗教人士，选一篇与他的宗教信仰相符的文章。

电影和戏剧也可以成为温和的切入点。当我们被动地观看一部电影时，我们在情感上是高度投入的。这是有科学解释的：我们拥有一种镜像神经元，可以映射出别人投射给我们的行为。身为编剧的伊丽莎白·科普兰（Elizabeth Coplan）就把电影作为谈论死亡和悲伤的入口。当我们欣赏影视剧的时候，被激活的主要是我们的右半脑——掌管创意和头脑风暴的部分。左半脑则是负责理性的部分。面对死亡的话题，最好左右脑都参与进来，既感性感知，也理性思考，这时艺术就能成为左右脑的桥梁。伊丽莎白有一次和一个拒绝谈论死亡的八旬老人一起看《百万美元宝贝》（*Million Dollar Baby*）的电影。向没看过电影的读者介绍一下：在电影的结尾，四肢瘫痪、只能靠呼吸机维系生命的患者接受了安乐死。电影结束后，这位老年人告诉伊丽莎白："假如我到了那个地步，我也希望有人帮我解脱。"这位老人可能不觉得自己是在讨论死亡的话题，但很显然，他确实交流了他的想法。

艺术是一个有效的进入手段，同样，一些抽象的问题也能提供帮助，例如：你希望别人记住你什么？你希望你的子孙向他们的后代讲述你的哪些事迹？你希望写什么样的墓志铭？你自己也可以回答一下这些问题。当你敞开心扉，展露自己的脆弱和交流的意愿时，对方的心门也将向你打开。可以试试这样说："我在想，玛丽奶奶总是那么热情好客,人人都喜欢和她待在一起,她也随时欢迎大家。我想努力成为她那样的人,因为热情很重要。我希望我的子孙以后想起我来,也会觉得我是那样一个人。"接下来就顺其自然。对方没有回应他们的愿望不表示他们没有在思考。你已播下了种子,所以请给他们一些时间。

/如何使用本书/

如你所见,这本书不太寻常。因此你需要明白手里捧的是一本怎样的东西,了解它的表面用途和深层含义。

首先,无须按顺序阅读本书。这本书没有"叙事弧",只有永恒存在的关于生与死的"弧"。本书没有剧透。书里的一些人会多次出现,假如你没有读他们初次登场的故事,也不会影响你阅读其他人的经历。

其次,这本书无须一口气读完。书虽然不长,但我认为它是一本理性的书,一本适合沉思的书。假如读得太快,可能会有受到情感和知识冲击过大的风险。本书里的故事是花了五年的时间整理而来,因此我认为读者至少需要数周时间来消化它们。

本书可以反复阅读。书页上的文字不会更改,但是人会变得不同。此外,比起仅仅通读一遍,如果你将这本书作为组织晚餐的指南,你和它的关系也会有所不同。我现在组织晚餐或谈话的时候依然会抱着初学者的心态,假设自己也是第一次接触这个话题,任由我脆弱的一面引导自己。

这本书会惹恼你。我不知道具体会是哪个部分,因为每个人的反应不尽相同。可能是某个主题无法吸引你,或者是某个主题对你碰触太深,又或者是某个主题让你产生强烈共鸣以至于读不下去。没关系,跳过那段就好。也许你会回头再读,也可能会一直搁置,都没有关系。

这本书没有提供一份答案清单，这一点可能会令你不满。你在书店或网店的"自助读物"区里会找到那种清单式的读物，里面有结论，有药方，有实实在在的"药丸"可供服用，给你非黑即白、非错即对的东西。有些话题确实能给你答案。我和很多人聊过，有些话题的确存在明确的标准——譬如怎样和孩子谈论死亡，以及面对深陷悲痛的人应当考虑哪些问题。虽然本书能给你指导，但是问题依然存在。本书里既有名人的故事也有普通人的经历，它们的目的是给你灵感，同时激发左半脑和右半脑，但并不是为了提供确定性的答案。这些故事的目的是给予安慰，让你知道有些问题没有明确的回答。温德尔·贝里（Wendell Berry）曾经写过："也许当我们不再知道该做些什么，我们才真正开始工作；当我们不再知道该走哪条路，我们才真正启程。毫不困惑的大脑是一无是处的，被阻滞的小河才会引吭高歌。"

虽然本书给出的建议有必要避免绝对化，但是每当我遇到进展困难的对话——与家人、陌生人、朋友、爱人乃至不共戴天的仇敌，谈论死亡、性，或者毒品时——都有一条黄金准则在指引着我。我知道，那些我不愿意谈论的事，我必须找到它们，并讲述出来。这个方法屡试不爽：面对困难的话题时，要向每一个人展露你极度脆弱的一面。真诚和脆弱是可以感染他人的。

提 示 问 题

　　以下每章将以一个问题作为标题。这些问题我曾在数千次的对话中使用过，它们的来源出处各不相同，几经打磨，反复阐述。显然这份列表还不够完整，但是当你与爱人、朋友、病人和陌生人谈论生命临终话题时，这些就是我建议你参考的问题。

假如生命只剩下三十天，你会怎样度过？
如果只剩最后一天、最后一小时呢？

一个盛夏的早晨，火车沿着普吉特海湾南部的水道，从西雅图向波特兰疾驶而去。那时候我有一个女儿住在波特兰，所以我经常乘这趟火车。和大多数人一样，旅行途中我不会主动和陌生人说话——这其实很不幸，因为当我决定和旅伴聊天、把同行乘客当成人类同胞来对待之后，我经历了不少蜕变的时刻。

那一天火车上很挤，我没法和别人保持距离。我和两位女士坐在同一桌，她俩都是医生，并且都离开了传统医疗体系，因为她们厌倦了那里各种混乱的状况，而且备受打击。乘上这趟拥挤的火车之前两人并不认识，但毫不惊讶地，她们很快就找到了共同点。

我问她们，我们的医疗体系在哪个方面问题最严重，她们立即异口同声地回答："我们如何死去，生命如何终结。"那一年是 2012 年，关于我们怎样死去的话题还没有登上美国的报纸头条。（阿图·葛文德的《最好的告别》两年之后才出版。）我很吃惊，请她们详细讲讲。很快我就了解到了我在第一章提到的两个令人震惊的数据：在美国，临终照护开支是个人破产的首要原因；80% 的美国人希望在家中过世，但只有 20% 的人做到了。

我问她们，关于我们如何死亡的对话是不是美国人缺失的最重要且代价最高的对话。她们表示认同。

我接着问道：假如我创立一个组织，名叫"让我们在晚餐时谈谈死亡"，我能得到医生、保险公司和病人的支持，最终得到每个人的认可吗？"绝对可以，"她们说，"这是必然的。"在一种近乎神圣的共鸣中，我们三人紧紧握着彼此的手，友谊由此萌生，尽管后来我再也没见到过这两位医生。

我之所以讲出这个故事，是因为它代表了死亡晚餐的核心体验，也启发了这个提示问题。当我们思考——真正地思考——我们希望如何死去，当我们与他人谈起这个话题，我们就更有机会让对话发生。我不是每次主持死亡晚餐都使用这一提示问题，但它很可能是最重要的一个问题。假如你的生命只剩下三十天，你将如何度过？最后的日子会是什么样？都有谁陪在你身旁？

这些问题带来的众多启示之一（可能也是最重要的感觉），是人生只有一回死。我们会精心计划婚礼和孩子出世，视这些时刻为人生的重大转折。我们拒绝对生命的终止给予同等程度的考虑，就相当于拒绝接受一个极其重要的事实：我们都终有一死。我们也许无法控制最后的时日将怎样度过，但我们可以尽力把愿望表达出来，并得到他人的尊重。

***

一些人说希望独自死去，我过去也是这样想的。在我的想象中，当那一天来临时我会步入一片树林，安静地过世，不成为任何人的负担，就像猫一样。然而，当我第一次在死亡晚餐上大声回答这个问题的时候，我脱口而出的答案并不是崇高而孤独地老去。我清楚地意识到我希望两个女儿陪在我身边，没有旁人打扰。我意识到自己并不会成为她们的负担；相反，这对我们三个人来说都是一份礼物。认识到这一点之后，我改变了抚育女儿的方式。我发现，我把她们挡在了"安全"距离之外，不让她们触碰到我的许多情感和体验，这使得她们在我面前无法获得安全感。当然，有一些事情我们不会与孩子们分享，但是我们的情绪、我们的情感深度没必要避而不谈。

所以，想一想在最后的时日里我们有什么愿望，这能让我们看清生命中我们热爱和珍视的东西。人们会说想和狗狗在一起，想吃巧克力蛋糕，想要凝视大海。"我想象，在我生命最后的几天里，我要吃迷幻蘑菇，"我的朋友乔若有所思地回答，"然后最后一天我想吃一大堆松软可口的烤饼，然后我还想享受性爱。"

早期的某次死亡晚餐上，我用了这个"三十天"的问题。当时我特别紧张，因为来宾里有联合健康保险公司的主席、慧俪轻体（Weight Watchers）的CEO、TED医疗的CEO和COO、《纽约时报》的大卫·尤因·邓肯（David Ewing Duncan），以及沃尔玛健康副主管。我通常不会被宾客的名头吓倒，但是这些人看起来不像是我们展示努力成果的好观众。

客人之一是奥利维亚·肖（Olivia Shaw）。她把椅子向后推了推，引起整个房间的注意。这之前只有我一个人站着讲话，我感觉血压都升高了。奥利维亚认真地看了看每个人的眼睛，然后清清楚楚地说道："我不知道你们是怎么想的，但是等到只剩最后一口气的时候，我打算和我男人一起，享受这辈子最狂野的高潮。"

大家哄堂大笑。

壁垒被打破了，接下来的时间里餐桌上弥漫着郑重的赞许感。

多亏奥利维亚，那天之后的每一次晚餐，我都会额外留一些空间给那些不正经的和下流的玩笑，也给人性留一些余地。死亡、离世和生命的终结需要幽默和诚恳。想一想，有哪次生命的诞生不是伴着欢乐、泪水和笑声？假如我们把死亡看得太过重要，就会抹杀这过程中的人性。不论你是参加晚餐聚会，还是在门廊折叠椅上独自沉思，这一点都很重要。

***

晚餐之前，玛利亚心里有一种强烈的恐惧感。这是她第三次参加死亡晚餐。她曾经在我的公寓参加过一次，后来还和她的朋友们一起组织过一次，而这一次她将要招待自己的家人。初次做主人的经历非常顺利，她能感觉到客人得到了亲密而有意义的体验。为什么不邀请父母和妹妹也参加一次死亡晚餐呢？除了丈夫，他们是她最亲密的可以谈论生死话题的人了。不过这一次她感觉风险更高，因为他们毕竟是家人。

晚餐的食物她遵循了妹妹的要求，从附近一家妹妹最喜欢的餐厅里订了比萨外卖。然后她额外准备了自制蔬菜汤和沙拉，还有很多葡萄酒。玛利亚的丈夫用三明治和电影把孩子哄到了楼上。一杯烈性鸡尾酒下肚，玛利亚觉得她差不多准备好了。

起初，进展得并不顺利。玛利亚的妹妹康斯坦丝和丈夫是带着两个孩子一起来的，一个三岁，一个五岁。玛利亚不禁惊呼："哎呀！我没想到你会带孩子来！"康斯坦丝的脸一下子红了，玛利亚赶紧补充说："别担心，没关系的。我们让他们到楼上和哥哥姐姐一起看电影吧！"

康斯坦丝花了一点儿时间才恢复过来。很明显，她从一开始就没有期待这次晚餐，现在她又因为玛利亚没想到孩子们会来而感到不太自在。这可以理解。"你应该事先说清楚的，"她对玛利亚说，"我之前不知道。"

"没关系！"玛利亚说，"放松些！一切都没问题！"

但是玛利亚还有别的工作要做。康斯坦丝的丈夫开玩笑说希望大家允许他在晚餐过程中查查球赛比分。玛利亚的爸爸彼得说："不，你不会这么做的。"——他的声音很轻，但足以听得到。玛利亚的妈妈乔是个不能忍受任何不和谐因素的人，她十分努力地想表现出愉快。康斯坦丝的脸还红着，显然还在为带了孩子的误会感到沮丧。玛利亚本来心里就急躁不安，她担心这个夜晚会无法避免地偏离主题，而现在她又开始担心能不能在孩子们看完一部电影的时间里进行一次有意义的对话。

晚餐就这样开始了。大家通过各自纪念一位已故的亲人，情绪都放松了下来。接下来，玛利亚问大家，希望如何度过生命里的最后三十天、最后一天、最后一小时，事情就这样变得有趣起来了。

乔说她不想知道这些。

"好吧妈妈，那可别假装您知道。"玛利亚敦促道。

"我知道，但我说了我不想知道。"

"这个游戏不是这样玩儿的。"彼得说。

乔沉思片刻，她说自己希望在最后的三十天里和朋友们一起散步、打麻将，有更多的时间和儿孙们待在一起。

在不同的死亡晚餐上，人们对这个问题的回答会改变对话的走向。

"很多人会提到性爱。"玛利亚的丈夫艾略特指出。和玛利亚一样，这也是他的第三次死亡晚餐，"很多人都想以那样的方式离开。"我的天，玛利亚想，艾略特在我父母面前提了性爱。她做好了准备要敞开心扉，与家人进行一次深入的讨论，但并没准备谈性。她紧张地环顾餐桌，看看其他人是否和她一样感到尴尬。

乔看起来若有所思。"你知道吗，我爸爸就是那样走的。"她说。

"什么？"玛利亚问。乔的丈夫彼得同样表示了惊讶。

"我的意思是，严格来说，他是在医院去世的。但他是在做爱的时候中了风所以才进的医院,然后他就再也没有醒过来。"乔进一步解释说,她的父亲在死亡到来前一个月的时候已经有预感了。他的预感并非毫无由来,他患有心房颤动、心律失常,之前还有过一次不太严重的中风。乔把他送去看医生,医生建议他做进一步的检查,但是他什么检查也不想做。他生于1915年,在得克萨斯州的小镇长大。他见证过一些家人被伤寒夺去了生命,也曾在二战中奔赴战场。他去哪儿都戴一顶费多拉毡帽,一生简朴正直。如果把哈里·杜鲁门的密苏里口音换成咕哝的得克萨斯腔,那就是玛利亚的外公的完美替身。五十年来他一直亲昵地管妻子叫"老妈",妻子则称呼他"老爹"。他是一个虔诚的卫理公会派教徒,相信当一个人的大限已到,就应该准备好离开。

乔还记得,她最后几次去拜访他的时候,两人还罕见地起了一番争执,因为他一直提起死亡。"别再说死的事了,爸爸,"她请求他,"你不会死的。"

几周后的一天夜里,他转向妻子。"老妈,"他说,"想不想来一发?"故事就是这样。餐桌上的人都惊呆了。

"我不敢相信,"彼得插话道,"五十年了,你从没告诉过我这件事。"

"太恶心啦。"康斯坦丝说,但露出了笑容。

"太棒啦。"玛利亚说。她很高兴知道这位可爱的外公以这种方式结束了一生——太适合他了!

从这里开始,晚餐进展就十分顺利了。

轮到彼得的时候,他说:"现在来考虑这个问题感觉很奇怪,如果我觉得我可能真的只有三十天时间了,我是不会想这个问题的。"大约二十年前,在他五十三岁的时候,他被诊断出了结肠癌。从拿到诊断结果到进行手术之间的那一周仿佛无比漫长——手术之后就会知道癌症的扩散程度。基于那个结果,他有可能只剩三十天或一年的时间,也可能还有机会多活三十年。那一周里他进行了许多对话,和乔,和父母,和子女们,但是没有想过假如只有一个月的时间他希望怎样度过。他不想考虑这件事。

幸运的是,手术的结果不错,经过很长一段时间的化疗,彼得终于痊愈。痊愈给彼得带来了安慰,他可以放心来讨论如何度过余生的问题了。而且,和大多数经历过绝症的人一样,他发现自己这些年来反复地思考这个问题。在那天的死亡晚餐上,彼得把二十年来的思维碎片整合了起来。

"第一周,我要用于阅读,"他说,"我想学习一下最出色的思想家是怎么讨论灵性、死亡和存在的。不读原始文献,只读读摘要或者和文献相关的书。然后我打算读一些佛教和犹太教相关的内容。我想知道其他宗教如何看待生命的意义。我希望有机会开拓思维,深入地钻研,这是我这辈子没有机会做的事。"

"然后我会去旅行——独自旅行,"他说,"我想去探索世界上那些我不熟悉的地方。"许多人都说死前希望看看世界,但这不是彼得的初衷。彼得虽不是佛教徒,也从没研习过佛教,却自然而然地被"不执"吸引了,他想获得这样的体验。"我就是希望离开自我,摆脱我自己的东西,甩掉我的教养、关系和联系。我希望彻底匿名,在离开世界之前去那些我不熟悉的地方。"

然后他会回到家做一些与平时完全相反的事。他想花一周的时间浏览家庭相册,回顾过去,重新度过一生。他想播放二十世纪六十年代、七十年代和八十年代的歌曲,让音乐带他回到彼时彼地。

最后一周左右,他想花时间和儿孙们待在一起,聊聊他学到的知识、看到的世界,聊聊他度过的生活。他不希望自己的哲学和思考得不到交流、没有与人分享。

最后的几天，他想和乔一起度过，这个与他携手将近五十年的人。"到了那一刻，"他解释说，"就不需要说太多了。我们已经把想说的话都说完了，只需要并排坐着就行。"

我觉得彼得的想法有意思的一点是，他几乎是在以导演的视角看待自己的最后一个月——想先拍些长镜头的风景和远景，然后将镜头拉近，拍摄特写，最后逐渐淡出。一个月被平均分成了"这就是生命"以及"这就是你的生命"。

***

离开悬崖边缘后，彼得有二十年的时间来问这些问题。当你站在悬崖边缘的时候，你的感觉是有所不同的。有时候你会像乔一样，不想知道生命的终结即将来临。有时候则是医生不想告诉你。这也是为什么只有16%的癌症患者能准确地描述疾病的预后。医生是人，患者也是人。面对急速消逝的生命，我们都会感到害怕。

"我对这件事抱有极大的同情和理解，"医疗保健领域企业家亚历山德拉·德雷恩（Alexandra Drane）说，"因为对于一个被诊断出脑瘤的人来说，主动预想自己的余日是件很可怕的事情。"

亚历山德拉也对这个领域的医生充满同理心。"你怎么可能希望每天的工作一开始待办事项上就写着'把坏消息告诉他们'呢？每一天你都会优先告诉他们一些别的事情。这虽然不能成为医生逃避转告坏消息的借口，但证明了这件事实际上有多难。此外，很多病人还会传递出'我不想听这么糟糕的消息'的信号。这样的情况可以理解，但仍然是不可原谅的。"

亚历山德拉之所以如此热情,并非因为她自己所患的疾病——她的肿瘤已经清除了——而是因为丈夫的妹妹扎临终前三十天的经历给她造成了极大的创伤。在扎的生命末期,她没有和扎谈论死亡,直到多年之后她的心结才得以解开。

在亚历山德拉和扎的哥哥安东尼奥举行婚礼前的日子里,全家人都很兴奋,充满期待。安东尼奥和扎的家人专程从意大利飞过来,来参加除夕之夜的盛大庆典。婚礼开始前,扎突然感到强烈的头痛。其他人帮忙照顾着扎刚刚学步的女儿,而扎自己则艰难地走下床,神情恍惚。大家除了大喊"扎,快穿上袜子,你哥哥要结婚了!"之外,也隐隐有些担心。婚礼当天,有人说扎可能脱水了,于是她的丈夫把她送到了波士顿附近的一家当地医院,希望打打点滴能让她恢复。最终,扎和丈夫没有出席婚礼。在亚历山德拉和安东尼奥交换誓言的时候,扎做了头部扫描,检查结果让医生高度警惕,他们赶紧用救护车把她转到波士顿一家知名的教学医院。扎的病情急转直下,第二天亚历山德拉和安东尼奥打来电话的时候,扎的丈夫难过得几乎无法开口。这对新人赶忙推迟了蜜月,驱车赶往医院。

这个阶段的扎已经丧失了说英语的能力,只说得了自己的母语意大利语了。安东尼奥进屋尝试为她翻译,亚历山德拉则与坐在门外的外科医生聊了聊,他正在看电脑。

"你在看什么?"亚历山德拉问道。

"她的头部扫描结果,"他说,"脑胶质瘤,我认为到四期了。"

亚历山德拉走出去用手机给母亲打了个电话,让她查查这是什么意思(当时还没有智能手机)。她了解到,四期代表最坏的情况,实际上可能是最坏的检查结果了,得到这个诊断结果的患者通常只有5%的概率能存活超过五年。

扎立刻做了手术，接着开始做放疗，然而除了亚历山德拉以外，家里面所有人都不知道扎的预后及其代表的含义。事实上，他们明确表示不希望知道。

数月之后，他们了解到放疗没有效果，医生立即推荐进行二次手术。现在回想起来，这个建议还是会让亚历山德拉感到非常愤怒。"假如有一个安宁疗护（palliative care，也译作姑息治疗）的专家参与，"她说，"他们绝对不会让她做手术的。绝对不会。你怎么会把一个人的头颅打开两次呢？"尤其是当时亚历山德拉和扎的医生都知道其实已经没有希望了。

扎并不知道自己真实的预后，在亚历山德拉心里这一直是个沉重的心结。她对医院的一名社工解释说："假如她想给女儿写几封信怎么办？写给女儿的十六岁生日和结婚的那天。假如她希望让女儿做好准备，知道妈妈就要去世了，该怎么办？这样是不行的。"

社工回答说："你不能替她做决定。你能说的是，'扎，如果换作是我，我会想了解自己身上发生的一切'。"

亚历山德拉清晰地记得她终于坐在扎的身边，而扎"不知道该如何进行这些谈话"，亚历山德拉也不知道该怎么办。然后扎说："我不想谈这些。"亚历山德拉只能说："好吧。"

"我花了好几个月……好几年……才想清楚，"亚历山德拉说，"扎的死亡让我感到太混乱了。现在一切都明白了，我们都有创伤后应激障碍。某种程度上她遭受着痛苦。你需要花时间，才能再度呼吸，才能重新理智地思考。而一旦恢复，我就止不住地想，我们为什么会让这样的事发生？为什么让她经受了最糟糕的死亡？这一切真的对吗？"

"我们从来没有尊重她知晓诊断结果、了解所有选择的权利。假如我们在特殊情况发生前，事先就进行过关于死亡的对话——就在她确诊之前，自然地作为家人来讨论——我们可能会采取不同的处理方法。"扎的疾病和死亡是激发亚历山德拉创办 Engage with Grace（优雅参与）机构的原因之一。这个机构的使命是改善人们的临终体验，鼓励大家回答一系列关于临终愿望的问题。

回顾扎最后的日子，有一件让亚历山德拉不觉得后悔而感到欣慰的事情。当终点临近时，扎的家人把重症监护室的医生拉到一旁，告诉他，他们想带她回家。

她的医生说不行，态度非常坚决，因为她的情况太过复杂。面对医生的反对，在扎的整个治疗期间一直态度强硬的亚历山德拉也不知所措。但是安东尼奥没有让步，扎的丈夫约翰也不同意。"不，"他们说，"我们要带她回家。"然后，他们带她回了家。

第二天，扎回到从小长大的房子里，她躺在床上，熟悉的气息和声音环绕在身边，两岁的女儿爬到她身旁，把脑袋枕在母亲的颈边。在医院病床上的时候女儿一直避免和母亲进行皮肤接触，似乎被夸张的医院病房吓坏了。扎完全清醒过来，这是她一周以来第一次睁开眼睛，她凝视着女儿，女儿也看向她。然后，她永远闭上了双眼，第二天便去世了。

之后的很多年里，这个小女儿阿莉西亚常常让家人给她讲母亲最后一次睁开眼时的情形。对母亲、对女儿、对哥哥、对丈夫、对亚历山德拉来说，这是多好的礼物啊！扎能够在家里与家人共度最后一夜，她最后看到的画面是女儿的面庞。扎的疾病和死亡是悲剧的，但是他们共同见证了美丽而安宁的最后时刻，这让亚历山德拉一直心存感激。

还记得你爱的人在世时为你做过哪些美食吗?

当我问作家蒂姆·费里斯（Tim Ferriss），他挚爱的人生前曾为他做过什么菜时，蒂姆发来一款简单的睡前饮料——苹果醋、蜂蜜、热水——他每天都会郑重其事地调配。每当又酸又甜的热气击中鼻腔，他就会回忆起曾经的一位导师赛斯·罗伯茨（Seth Roberts）博士，眼皮也会慢慢变得沉重。费里斯也许是我们这个时代最著名的自我实验者，是生物黑客和自我提升概念的代名词，他进行的许多冒险仿佛都能把你带入爱丽丝复杂的兔子洞里。但他却发现，这三种原料的简单组合是治疗失眠的最佳方法，也总是在心里唤起一段他非常珍重的关系。

食物的魔法在于，它繁复的形式和考究的装点从来都不是最难忘的部分。如果你问某人，使他印象最深的一餐饭是什么——这个简单的问题我曾经问过数百人——永远不会有人对你讲他们在诺玛这类米其林星级餐厅的经历。M. F. K. 费舍（M. F. K. Fisher）曾经写过："烹饪永远和它的姐妹——爱的艺术联系在一起。"人们会记得包含爱意的晚餐。我们和食物的关系与我们对友谊、情感和爱的个人经历一体相连。这里我所说的不仅是塞纳河畔的浪漫午餐，还有家里的餐桌。在那里，朋友和家人热烈的爱意多得都快溢出来了。

我们回想、烹饪，享用一个已经故去的爱人曾经为我们做过的食物，对他们是一种纪念，并且会一下子唤醒我们所有的感官。肉桂面包的绵软、马铃薯饼的松脆、牛胸肉柔嫩的质地，还有在沾着油渍的菜谱边上涂写的笔记，这些都是记忆的印迹。这段记忆也许不是由食物形成的，但却是在食物的帮助下层层展开的。

珍娜十四岁的时候，她的祖父中风去世了。他最后一次来珍娜家时，像往常一样把冰箱里塞满了自己用果园里的苹果做的果酱。除了珍娜，其他人都不怎么喜欢祖父的苹果酱，兄弟姐妹们觉得那果酱质地不够细腻，父母觉得味道太甜。苹果酱让珍娜觉得祖父死后依然在照护她，这对于她这个乖张的十四岁女孩来说，有着很重要的意义。她把最后几罐苹果酱分成很多份，祖父在每个瓶子上都仔细地亲手标记了制作日期。每吃一口苹果酱，她都想象着他用患上关节炎的双手削皮、切块、搅拌，然后小心地装罐。祖父去世后，他的苹果酱供珍娜吃了一年，最后只剩下一罐。

最后一罐苹果酱珍娜决定不打开了。她不愿意相信祖父做的东西只有最后一口了。几十年过去，珍娜不知道那罐苹果酱后来怎么样了，但是每年秋天，她都会和女儿们一起摘苹果、削皮、切片，然后制作果酱。每年秋天，她都会对女儿讲祖父的故事。

＊＊＊

何塞·安德烈斯（José Andrés）是西班牙著名的厨师。在他看来，什锦饭是他做过的最重要的一道菜。许多人将什锦饭视为西班牙的国菜。作为厨师，什锦饭与何塞的个人经历有着很深的联系。即使是现在，每当他做起这道菜，他就会想起一个叫大卫的男孩。何塞是在华盛顿特区的杜邦农贸市场上遇见这个叫大卫的十六岁男孩的，当时他们在想办法让大卫多吃些蔬菜。大卫患有严重的脑肿瘤，需要改变饮食习惯，这样他才能有强健的身体来对抗疾病。"我们一起逛市场，买东西，挑选食材，我向他展示我会怎样把他喜欢的蔬菜做成什锦饭。"何塞说。那天晚上，他们在何塞的后院里一起做了什锦饭。

"大卫对烹饪和食材特别有热情——甚至会像我一样对食物说

话，"何塞说，"他对食物和生命有着真挚的感激。虽然患有疾病让他很痛苦，但他却从不要求特殊待遇，还总是回报大家。我们问他圣诞节想要什么礼物，他回答说想把他的礼物送给医院里遇到的其他孩子。当'许一个愿'基金会提出可以帮他实现一个愿望时，他说请把机会送给别人。"

那天之后，大卫和何塞做了许多年的朋友。"我去医院看望他的时候，他告诉我，他真想赶快好转，这样他就能再自己做饭吃饭了。不久后，他没能挺过2012年的春天。食物和烹饪让他坚持到了最后，真是令人惊叹。"

在大卫的葬礼上，何塞回忆道："几百个亲友聚在一起，分享故事，享用什锦饭，就是我们初次相遇的时候在我家后院做的那一种。我心里想，这是一场派对啊！我也非常开心，因为我内心知道，这正是大卫想要的葬礼。一顿美食将朋友和家人维系在一起。等我去世的时候，我也希望可以这样。大卫的精神在我心里永存。他是一个无私和热情的年轻人，他仍在每天激励着我。每当我做蔬菜什锦饭时，我都会微笑着想起大卫。天堂里能有他这样一个厨师，天使们真是太幸运了。"

何塞的厨艺广受媒体赞誉，不过在2017年秋天，他凭一件与厨艺无关的事登上了新闻的头条。2017年，飓风席卷波多黎各，因为不满意美国总统和其他非营利组织对灾害的反应，何塞决定自己租船前往波多黎各诸岛为灾民提供食物。他想出了一种能为几百万人提供热腾腾的食物的方法，包括什锦饭和三明治。一篇报道评论他的努力说："自从飓风来袭，没有哪个机构能以如此营养的方式给这么多人带来热气腾腾的食物，红十字会、救世军组织，以及任何政府实体都没有做到。"我觉得假如大卫还在世，他也一定乐意这样做。

✱✱✱

凯瑟琳·弗林（Kathleen Flinn）可能是这个时代最接近茱莉亚·蔡尔德[1]的人。三十六岁那年，她被公司解雇，于是她收拾好行囊前往巴黎，进入巴黎蓝带厨艺学校追寻毕生的梦想。她把自己的故事写成了一本十分华丽，并且令人捧腹的畅销书《刀越锋利，眼泪越少》（The Sharper the Knife, the Less You Cry），她现在的工作是教社会各阶层的人在家做饭。

几年前，她的妈妈参加了一场她的图书宣传活动，两人在北卡罗来纳州的一家餐馆里吃了顿早餐。"侍者端上两片巨大的薄饼干、凉凉的干酪蛋糕配软香的黄油，还有一小钵深色果酱。妈妈一边和我聊天，一边把黄油和果酱抹到饼干上。她刚咬第一口，就睁大了眼睛，然后放下饼干，哭了起来。"

凯瑟琳马上警觉起来，问妈妈怎么回事，但妈妈只是低头在包里翻找纸巾。过了好几分钟妈妈才缓过来，她解释了刚才发生的事。"这味道和我爸爸做的果酱一模一样。"她妈妈擦擦眼睛轻声说道。凯瑟琳的妈妈花了好多年的时间想尝试重现爸爸做的果酱的味道，但总是做不对。凯瑟琳的外公从来没写过任何配方细节，没人能把握那种味道。"让我突然之间特别想他。"她说。

凯瑟琳理解她，因为自己在十三岁就失去了父亲。她生命里的每一天都在想他，每到生活的重要时刻——毕业典礼和婚礼，思念尤其

---

1. 茱莉亚·蔡尔德（Julia Child），出生于美国加州的帕萨迪纳市，是美国知名厨师、作家与电视节目主持人。曾登上1966年11月25日的《时代》杂志封面，2009年她的故事被翻拍成电影《茱莉和朱丽叶》。

深切。"假如我现在能和他交谈两句,我会问他做鸡肉和饺子有什么秘诀。"凯瑟琳说。三十多年来,她一直在尝试按他的方法进行烹饪。她说:"虽然太不合理,但我心里的某个角落相信,如果我能找出正确的菜谱就能让他回来,即便只有片刻。就为了这一口。"

***

食物,以及伴随着某些菜肴或口味而来的长久记忆,也和我们对他人的照顾紧密联系在一起。这就是为什么当我们需要做些事情或需要表达爱意的时候,我们就会拿出食物。食物是我们滋养身体、滋养彼此的一种途径,因此如果当某人完全无法进食,我们袖手旁观的话,就会有罪恶感。詹姆斯·彼尔德奖获奖厨师乔迪·亚当斯(Jody Adams)的家人每年都在科德角相聚,一起吃掉海量的玉米、龙虾和番茄。但是有一年,她的父亲吃不下别的东西,只能喝汤了。奶油蘑菇汤是他的最爱,她就为他做奶油蘑菇汤。"到了第二周,我们回到了波士顿,我不得不用勺子喂他进食。"她说。到了第三周,他开始时而昏迷时而清醒。"我坐在他床边,努力忍住眼泪,端着一碗冷掉的汤,我母亲碰了碰我的胳膊说:'没关系,亲爱的。他只是不想再吃了。是时候停下来了。'就是这样,该停下来了。"

食物带给我们生命,就像阳光之于植物。很多文化里的斋戒传统被视为死亡的练习。当身体开始死去,一个和自然同样古老的钟就被启动了。

消化系统是最早开始流失血液、变得能量不足的器官。我们精密的生物系统知道把血液转移给大脑、肺部、肾脏和肝脏,饥饿和口渴的感觉慢慢消失了。我知道,这些信息很具体,但如果我们能够接纳自己和亲人真实的身体状况，即便到了最难面对的时刻，我们也能处理。临终护理人员分享的智慧之一，就是要让所爱的人知道，如果时候到了，他们可以放心地离开。很多人觉得需要为了家人活着，这种感觉延长了死亡的过程。让所爱的人知道你会没事的——这是一个无比艰巨的选择，但却可以减少痛苦。总有一刻，我们不再需要食物。

如果由你来设计，你会把自己的葬礼或墓碑设计成什么样？

想象一下，你的祖母决定亲手制作自己的棺材——挑选棺木、测量尺寸、画出蓝图。想象她邀请了亲近的人陪她一起锯木材，用砂纸打磨表面，刷上底漆和面漆，再用她最喜欢的毛绒面料做内衬。如果她又进了一步，设计了一款主题棺材呢？比如她可能痴迷猫王，或者想被安葬在一只巨大的瓢虫里。她会不会把葬礼视为一种勇敢而快乐的手段呢？通过掌控葬礼，来面对不可避免的终点，来掌控自己的死亡，安排他人缅怀和纪念自己的方式。假如她还为葬礼写了剧本，详细指定好由谁来发言、由谁来唱歌，然后货比三家，选了最划算的墓地和遗体火化服务呢？最后，让我们设想她还为葬礼场所谈了个好价钱，设计了葬礼邀请函，并且确保自己知道是谁在写她的讣告。

现在我们可以结束这场思想实验了，因为它已经不再是一个设想。新西兰的几维鸟棺材俱乐部（Kiwi Coffin Club）正致力于促进这件事，而且其成员数量与日俱增。在一段可能是史上最欢乐的临终视频里，俱乐部成员随着音乐一边跳舞一边介绍他们是怎么努力装点临终的旅途，让这段路变得快乐欢畅。做计划宜早不宜迟。他们还炫耀着展示出独立设计的"光辉之匣"——从猫王主题到装饰有小矮妖和三叶草的主题，款式应有尽有。

"面对现实吧，"他们唱道，"葬礼也得有灵魂。"

俱乐部创办之初有五六十名成员，如今已推广开来。俱乐部的模式在新西兰各地得到复制，甚至连爱尔兰都出现了这种模式。

创办棺材俱乐部的原因一部分是出于经济上的考虑———一口金饰桃花心木棺售价可达 5000 新西兰元（约合人民币 22790 元），而从俱乐部订购一个木盒子只需200新西兰元。现实很严峻，老年人被各种服务行业利用，其中盘剥最严重的就是死亡和丧葬相关的行业。

另一个原因是"个性"，如同他们的歌曲——还有演唱方式！——所展现的那样。俱乐部的创始人凯特·威廉姆斯（Kate Williams）对《国家地理》杂志说，庆祝死亡和庆祝生命是同等重要的（事情）。我们有理由认为，对一个人的纪念与被纪念者本人同样值得严肃对待。

"你绝对想象不到，死亡可以这么棒。"

***

我认为格雷格·伦德格伦（Greg Lundgren）是对死亡话题最有见解的人之一，因此他将在本书里频繁出现。伦德格伦首先是一个艺术家，他在过去的二十年里致力于为西雅图的艺术世界塑造新的框架。他为西北部艺术家赢得的荣誉超过了任何策展人或评论家，而他所有的工作都是他自主发起的。一个创造性的大脑是闲不下来的，他在艺术领域所承担的先锋角色，只有汤姆·沃尔夫[1]能捕捉到。除了自费举办双年艺术活动（在国际上备受赞誉）、搭建大型公共艺术装置（未经许可），格雷格"真正的工作"是经营"伦德格伦墓碑"公司。由于不满意当下对死者的纪念方式，身为雕塑家和玻璃艺术家的格雷格决定用他的手艺重新塑造墓石、纪念碑和骨灰瓮。简而言之：为死者服务的艺术。他说他的客户来找他时经常被各种困难缠身。"他们要花时间和医生、

---

1. 汤姆·沃尔夫（Tom Wolfe，1931年3月2日—2018年5月15日），美国作家和记者，20世纪50年代后期开始，沃尔夫致力于新新闻写作，被誉为"新新闻主义（New Journalism）之父"。文风泼辣大胆，擅长使用俚语、俗语和自己创造词汇。沃尔夫能捕捉到现实生活的时尚文化和普通大众的生存状态，讽刺美国社会。

警察、殡仪馆打交道，而与我交流并不压抑——可能是唯一能让他们感到兴奋的对话。我带来欢乐，给他们的生命填补上美的一章。"

除了在全球各地设计、浇铸、雕塑、摆置墓碑，格雷格还认为世界需要一家死亡精品店。想象一下乔纳森·阿德勒（Jonathan Adler）开了一家时髦的店面，专营对逝者的创意纪念品。再想象一下，这家精品店出售由知名建筑师为客户定制设计的特色骨灰瓮、由逝者骨灰制成的瓷碟、荷兰艺术大师绘制的油画肖像——这一整套艺术作品都在重新思考死亡。

现在你可以理解格雷格的大胆设想了。某天，他意识到作品不应该仅面对成年人，还应该面向儿童。这一刻让他明白，自己一生的使命就是让艺术重新融入死亡。此后，他出版了多部书籍，探讨死亡与儿童的话题。其中一部是《死亡像一盏灯》（*Death Is Like a Light*）。他的第一部著作是《绿荫公墓》（*Greenwood Cemetery*），讲述了一个古怪的科学家去世后，侄子继承了他的房产。他找到了各式各样的疯狂装置，包括一个名为 THEO 3000 的机器人，专门被设计来纪念过世的科学家。侄子忠实地把 THEO 3000 摆放在科学家的墓地里。后来消息传开了，邻居家的孩子们都来参观这个机器人，和机器人玩耍，被它的滑稽动作逗得哈哈大笑。然后有人提议："我妈妈喜欢说话，我们给她造一部大电话吧！"另一个人说道："我祖父喜欢打高尔夫、吃香蕉船冰激凌，我们给他造点特别的东西，适合他的！"镇上的人一个个地委托艺术家为过世的亲人设计幽默的装置，作为纪念。原本人人都害怕的墓地变成了充满乐趣和回忆的乐园。

"你想想，雕塑公园本质上就是富翁的墓园。"格雷格说。牌匾上铭记的不是去世的人，而是捐赠了这座公园的人。"唯一的区别就是里面没有遗体。"他认为我们应该把墓地视作中产阶级的雕塑公园。

这对逝者是一种优雅的纪念方式，同时雕塑也可以得到保护。一件有意义的雕塑不一定很昂贵。

格雷格自己也像 THEO 3000 一样古怪，狂热地钻研墓碑制作。有一次，他看到一个雕塑师朋友在婚礼的蛋糕顶部做了一对新郎和新娘的小像，他便想，这对去世的人来说是否也行得通呢？为何不做一个活动的人偶来纪念过世的亲人呢？这个缩小版的人偶可以陪你一起钓鱼、跳舞、读书，参与各种他们生前喜爱的活动。现在，格雷格把这个想法作为一项选择提供给了客户。不过，他自己最感兴趣的还是肖像。"我委托朋友给我爸爸创作肖像，"他说，"朋友画了两幅画，现在这两幅画是我最珍贵的财富。它们勾起了我许多关于我父亲的回忆和感情。我把其中一幅挂在餐厅，每天早晨吃早餐的时候都会看见。我感觉这是一种健康的缅怀方式。不像墓地隔很久才去一次，也不像骨灰瓮可能有点儿吓人。肖像画成了一件传家之物。"

* * *

布瑞尔·贝茨（Briar Bates）原本没打算把水上芭蕾办成一场纪念会。假如她的人生走上另一条轨迹，可能她现在还在和朋友们一起戏水玩乐呢。

四十二岁的艺术家布瑞尔，几个月前被确诊患有恶性肿瘤，生命受到威胁。她的朋友贝文·基利（Bevin Keely）说："得知她来日无多后，我前去看望她，问她有什么愿望，看看能不能把她未来五年里想做的事压缩到四个月内。她的愿望全是关于如何能让速写本里的画作活过来，把美丽的事物带到这个世界。"

《西雅图时报》报道，她在床上一躺就是好几个小时，头顶是一盏枝形吊灯,她想象自己用戴泳帽的芭比娃娃装点吊灯,按经典的巴斯比·伯克利[1]样式编排起来。这幅图景启发了布瑞尔:她要办一场水上芭蕾。

"水上芭蕾被视为对快乐和荒谬的一种表达,"贝文说,"点亮世界,为世界添彩。她说她为这件作品写的创作自述就是'快乐'!"

"当布瑞尔让我来制作这件作品时,"布瑞尔的另一个朋友凯里·克里斯蒂(Carey Christie)说,"我感觉自己不可能拒绝她。不仅仅是因为我想在她去世前帮个小忙,还因为我希望陪在她身边,因为突然之间我能和她在一起的时间不多了。"

布瑞尔对所有的细节都做了指示,从服装面料到她想看到的队形和动作。她给全心全意帮她实现愿望的朋友们写了详尽的笔记。这场水上芭蕾的名字要叫作"深至脚踝"(Ankle Deep),将在西雅图义工公园的大型水泥嬉水浅池中演出,那里是孩子们的最爱。

布瑞尔去世几星期之后,她的朋友们聚在一起,他们穿上表演服,化好妆,然后出发前往公园。随着一声令下,五十个舞者脱下外套、风衣和掩饰的衣物,露出绿色织纹泳帽和碎花泳衣泳裤。他们踏着博比·达林(Bobby Darin)的《飞跃情海》(Beyond the Sea)和法瑞尔·威廉姆斯(Pharrell Williams)的《快乐》(Happy)等歌曲在水池里溅水嬉戏,不断变换着队形。一个小女孩被托举到半空中。曲终的时候泡泡机把泡泡洒满天空。旁观者们有些困惑,但却很快乐,纷纷跳进水池。

整场表演充满创意,非常奇特,又快乐无比,满载着朋友之间的爱和彼此的支持。"面对朋友的离开,那场水上芭蕾让我们所有人都

---

[1] 巴斯比·伯克利(Busby Berkeley, 1895—1976),好莱坞歌舞片时代最伟大的编导之一,善于从摄影棚顶部俯拍大全景歌舞场面,日后这种拍摄歌舞片段的方法被冠名为"伯克利顶拍"。

更加坚定了生的信念,"贝文说,"让我们记住对彼此,尤其是对我们的朋友布瑞尔的爱,并把这份爱与每一个人分享。"

"任何人都可以发起这样的项目,"凯里说,"我希望有更多的人参与进来,因为生命是一份不可思议的礼物,而正是死亡让我们认识到这一点。我们需要更多的地方来寄放悲伤。我们需要更多的机会来表达活着的巨大喜悦。我们需要一起来做这些事。"

* * *

霍莉并不想谈论自己即将死亡的话题。她和丈夫对这类话题避而不谈,朋友们来床边看望她之前,也被告知不要讨论这些,甚至是别让霍莉知道她住在临终关怀中心。

这样做压力很大。她的朋友安德莉亚很想向人倾诉,再一起大哭一场,但由于两套语境背道而驰,她不能哭。在过去一年里,安德莉亚和霍莉关于生命的对话一直维持在表面阶段,可明明两人以前是非常亲密的朋友。

然而霍莉去世后,安德莉亚说,她有幸明白了霍莉对于自身死亡的看法。

霍莉一直在收集毛绒玩具,每个人都知道她的这个爱好。虽然其中一些是她在当心理治疗师的工作中要用的,但在她内心深处,她其实还像个孩子,这些毛绒动物大部分是她买给自己的。她在旅行的时候会买毛绒玩具,在她生日的时候丈夫还会送她毛绒玩具。

在霍莉生命的最后几个星期里,她的妈妈和她坐在一起,霍莉让妈妈拿来一张纸,把所有毛绒动物的名字都写了下来。这不是她第一次给玩具起名字——它们一直都有自己的名字,但霍莉从来没做过记录。通过和妈妈一起整理毛绒玩具，霍莉表达了两件事：第一，我快要死了；第二，我死之后，希望有人知道这些动物的名字，知道它们都有名字。

霍莉去世后，她的朋友们被邀请到她的公寓来一起悼念她。然后每个朋友都被邀请收留一个"长毛宝贝"——霍莉这样称呼她的毛绒玩具。

安德莉亚领走了莱利，一只惹人喜爱，拥有深邃眼神的浣熊。她和霍莉的其他朋友用电子邮件给霍莉的妈妈发去许多照片，记录每个玩具被收留的过程。对她的妈妈来说，看到这些小怪物们有了新家，并且和爱霍莉的朋友们住在一起，这真是莫大的安慰。

安德莉亚和霍莉一样是一名心理治疗师，她把莱利放在办公室里。虽然安德莉亚接诊成年人，但她说他们也会立即注意到莱利。"我对他们解释，'一个朋友去世了，这是她的一个长毛宝贝，他的名字叫莱利。你想抱着他吗？'一些人会接过去。它非常柔软。"安德莉亚说。

纪念的方式有很多，可以像玻璃骨灰瓮一样正式；可以像活动人偶一样具体；可以像一杯免费的冰激凌一样有象征意义；可以像一群成年人在戏水池里跳芭蕾一样欢快；也可以像毛绒玩具一样让人安心。我们无法改变某人的死亡，但经由纪念，我们会很开心，也许能创造一些善举。

在生命的终点，医疗干预是否过度？

早在20世纪50年代，参议院多数党领袖比尔·福里斯特还是个小男孩，他回忆说自己经常和父亲一起外出巡回："我说的'巡回'指的是坐着他的车在乡村的路上颠来簸去。到了一座房子前，我们停了下来。他手里拿着医药箱，走进一间黑森森的屋子，在一个身患重病的女人床边坐了下来。我看着他走到床沿，握住病人的手，我则坐在他的身旁，听他们交谈。父亲向病人介绍死亡的整体、社会性和灵性。"

我的好朋友艾拉·比奥克（Ira Byock）医生经常提醒我们"死亡不是医疗行为"。然而，医生和护士是处在生死第一线的人——花一分钟设想一下，假如你是一个肿瘤科医生，下午不得不告诉一个初为人母的三十岁女士她只剩下六个月生命了。我们让医生告诉我们，还能活多久，最后会遭受怎样的痛苦，还能做些什么来延长生命，应该继续斗争还是屈服。在我们对抗死亡的战争里，医生扮演了仲裁者、法官、疗愈者、将军和君主的角色。

究竟从什么时候开始，我们给一个人附加了这么多的角色，这么大的压力？

毫无疑问，大多数从事医疗行业的人会告诉你，我们的医疗系统和护理模式是依靠护士运作起来的，这也说明了护士的重要角色。她们的职责非常广泛：陪伴临终的病人、抚慰家属、完成一项接一项的程序，而这一切都要在一个紧急事件接连不断的环境中进行。医院的管理者迫使她们压缩接待病人的时间，把所有事情流程化为线性目标。做一名护士意味着同时扮演Excel表格、病人的守护神、耐力运动员等角色。如果我们的医疗系统真的崩溃了，我们就要考虑哪些环节出了问题。当一件东西承受不住压力,它就会崩溃瓦解。我认为我们应该减少对医疗从业者的索求。死亡不是医疗行为——它是群体行为,是人类行为,这就要求我们所有人都要付出努力,共同承担责任。

南卡罗来纳州格林维尔市的一个医生告诉安吉尔·格兰特(Angel Grant)和她的家人,格兰特的父亲所患的癌症将在一年之内带走他。安吉尔觉得他说的话空洞、冷淡、漠不关心。之前的一次家庭冲突,大家各自站队,使得她和爸爸一年没有说话了。此时,充满悲伤和愧疚感的安吉尔爆发了。"我要让医生知道,他可能已经习惯了这种对话方式,但我们没有。我告诉他,他这样缺乏同情的随便的态度,传达的信息是我父亲快死了——我继母的丈夫、我叔叔的兄弟、我祖母的儿子,快死了。然后我站在那里,眼含泪水,怒火中烧,咄咄逼人地看着他。"

"我看到他温和下来,这是我没料到的,"安吉尔说,"他没有回瞪我,而是眼神里充满同情。然后他说:'很抱歉,我的交流方式缺乏人性。你说得对,这样的对话对我来说确实太频繁了。但是我想让你知道,我之所以成为一名肿瘤科医生,正是因为我也曾经站在你的位置。我爸爸死于癌症,而我感到无能为力。'"

"我见过太多沉重的悲痛,"急诊医生杰·巴鲁克(Jay Baruch)说,"甚至有点儿担心我自己的安全了。有一次,一个病人的女儿朝我猛冲过来准备揍我,却在我脚边崩溃了。还有一次,病人的子女抓住我的白大褂,把我从椅子上拎了起来,他们拒绝接受亲人已经死亡的事实,命令我离开家属房间再去做些努力。我也曾面对漠然点头的家属,仿佛他们已经预感会听到心碎的消息了,只是还不知道这一刻什么时候到来。"

***

尼尔·奥福德（Neil Orford）是一名医生，也是澳大利亚一所医院的重症监护室主任。他第一次来参加死亡晚餐的时候，分享了许多自己的职业经历。毕竟过去二十年里他和病人及其家属进行过数千次关于死亡的对话。他知道病人的家属怀着巨大的悲伤处理复杂的医疗信息，与医保制度打交道是什么样子的；他也知道从私人的角度来看他们是什么样子的。但是关于后者，他说得不多。事实上，来参加晚餐之前，他原本没打算分享自己父亲的故事。

尼尔曾为一份澳大利亚报纸写过一篇私人文章，他在文章里提道，当他的父亲快要死亡的时候，他觉得医生没在听他说话。家人们担心，尼尔的爸爸即使被救回来，日后也会在医院里去世。但医生和护士却只谈心肺复苏抢救。第二天，医生才愿意谈一谈有限治疗。而直到一周之后，医院才推荐进行安宁疗护。"我曾想象我能帮父亲和家人渡过难关，但是我错了，我也得到了教训。"

"在父亲最脆弱的时候，"尼尔回忆道，"他在遭受痛苦，我们却手足无措。在医院的那十天里，他非常痛苦和害怕，失去了力量和尊严。后来他发生尿潴留，尿液排不尽，尽管他已经极度痛苦，可还是安置了二十四小时导尿管。当我们询问能否给他提供夜间镇静剂缓解他出现的谵妄和烦躁症状时，我们被告知不能，因为他有脑损伤。而到了晚上，医院还是打电话把我们叫过去安抚他，同时紧急安排了镇静治疗。"

最终，尼尔告诉父亲的医疗团队自己也是一名医生——他之前并不想这样做——然后他的主张得到了认真的对待。家人得到了快速有效的安宁疗护，父亲平静地离开了。但是尼尔觉得他们付出了代价。

"我父亲付出了代价，他本可以平静地离开，却遭受了痛苦。我家人也付出了代价，他们因为要求用安宁疗护替代治疗而感到自责。我也付出了代价，因为那几天我本可以作为儿子为父亲伤心，与父亲告别，却要作为医生奔走抗议。"

尼尔说，医疗干预是默认选项。在急救部工作的阿什莉·威特（Ashleigh Witt）医生表示赞同。"实行安宁疗护对很多医生来说很困难，因为我们喜欢修修补补，"她写道，"我们喜欢治疗。我们擅长拯救生命，却难以接受我们救不了任何人的事实。安宁的死亡和成功的心肺复苏是同样重要的。"

如果家人要求，她就必须进行干预，即使她知道会造成创伤。"如果一个人的心脏停止了跳动，我们就要实行心肺复苏术。心肺复苏要求我把身体的重量全压在你年迈父母的胸骨上，然后用力推。要想达到效果，我不可避免地会折断几根肋骨。这听上去很可怕，可是如果我们不这样做，心脏就无法给身体输送足够多的血液，没有血液，人就会死亡。"年轻的心脏比较容易重新起搏，老年人的心脏就不一定了。"当我在蓝色代码部（表示某人心脏骤停，需要进行复苏）当挂号员的时候，工作中会遇到需要为老年人做心肺复苏的情况，"阿什莉解释道，"我下班回家后经常大哭。我们给一个脆弱的胸腔造成了太多的创伤，而实际上屋子里的每一个医生都知道，不论我们做十分钟、一小时还是三小时的心肺复苏，结果还是死亡。病人的肋骨被折断，他们在最后的时刻极为痛苦。围绕在他们身边的是医生而非子女，这不是'好的'或者说有尊严的死亡。"

进退两难之间，很多卓越的医生和护士在怜悯和程序之间穿针走线。医疗系统里的很多人都做了正确的事——或者说尽人力之所能在做正确的事。

"只要给予足够的时间，"尼尔写道，"我们会耐心倾听、解释、重复，最终和患者共同克服死亡的过程。我们不急不忙，了解彼此，互相信任，历经数小时、数天、数星期，我们的关注点从疾病转向了人本身。"

华盛顿大学医学院副教授莫莉·杰克逊（Molly Jackson）清晰地记得，在医学院的第三年，老师教导他们如何与临死的人相处。教课的医生说："现在我给你一个患者，他即将死于艾滋病，在他生命的最后阶段陪他散散步，将带给你惊人的体验。"莫莉做好准备，迫不及待地想和患者的家属讨论一下症状管理。令她惊讶的是，医生一开口就向患者的妈妈——患者此刻无法交流——提了一个开放式话题："给我讲讲约翰。"

"那一刻，"莫莉说，"我理解了我们真正在做的事情。我们不仅要治疗约翰，还要帮助约翰的妈妈应对他的死亡。我意识到，在生命的终点，我们努力在做的很多事情是为了给活着的人带来有意义的死亡经历或者积极的记忆。让他们所爱的人能够被真正地了解。"

莫莉很庆幸自己被分到这样一位富于同情心的医生手下学习。而想让每个学生都获得这样的经历，医学院还有更长的路要走。在全美122所医学院里，只有8所把临终关怀列入了必修课程。尽管如此，如我在第一章里写到的，现在虽然有一套针对临终对话的医保补助政策，但并没有显著改善临终对话的数量和质量。其中的原因很复杂。

"医生不知道该如何谈论这个话题，"安宁疗护领域的领导者托尼·拜克（Tony Back）医生说，"他们知道对话很重要，但不知道该怎么说或怎么做。"因此他成立了非营利组织"重要的对话（Vital Talk）"，致力于提升医生和护士的交流能力。"我们作为一个医疗共同体却无法谈论这个话题，会让我们显得无能为力。人们和陌生人讨论死亡都比和自己的医生谈的次数多。30%的癌症患者首次谈论死亡是和陌生人进行的。然后到了最后一分钟，他们对医生说的话都是出于感情、绝望和恐惧。他们说'尽一切努力'，但他们没有意识到那意味着上呼吸机，也无法让他们待在私密的环境里。"

"做决定时各种烦琐的细节都会变得极其复杂，"莫莉说，"我们在改善同患者的合作关系，试图让他们理解生命终末期医疗干预的真实情况，但是这很难实现。我担心，大量的干预措施造成的结果是延长了生命但增加了痛苦——我对病人及其家人坦诚相告，但是他们很难想象真实的情况是什么样。如果我们的工作延长了通往死亡的痛苦——也就是说，延长了低质量的生命——却并无希望带来有意义的康复，我感觉这是我们职业的失责。"

你得理解，对于医生、护士，还有病人来说，有太多新东西要去面对了。莫莉念医学院的时候是21世纪初，她说她的很多老师和导师对临终护理都是持家长式的态度。她同为医生的父亲是在20世纪70年代上的医学院，显然没接受过与病人谈论死亡的正规训练。但当时他能给病人提供的治疗选择也不多。过去的人们如果患上疾病，常常就病死了。现在有了如此之多的选择，有各种层面的问题需要考虑，我们都在学习如何把它们统一起来。莫莉现在给医学院的学生教授医患沟通和专业性的课程，千禧一代的学生对这个话题的反应让她倍感鼓舞。"他们的风格是以团队为导向，以患者为导向，把时间花在对患者个人和整个社会都有价值的事情上——他们关心正义和平等。"

如今，随着医保费用飙升，如何实现其中的平衡成为当务之急。新批准的白血病治疗单次量的费用高达475000美元。你愿意用50万美元来换取多少天的生命？不同年龄、不同生活质量的病人，做出的选择有多大差异？这是一道可怕的数学题。

"你与七十二岁的人和三十二岁的人进行的对话可能并不相同，"莫莉说，"我们无法判断对任何人来说什么是最好的选择，什么是最坏的情况。我们得让他们自己来下定义。"

有太多医生或护士无法掌控的因素——甚至病人也不能。记住，安吉尔对父亲的医生发怒，是发自她和父亲起争执产生的愧疚感。文化因素也会使情况复杂化，譬如一个韩国的老年病人出于韩国的习俗，会遵从儿子的决定，而儿子将要尽一切努力把敬重父亲视为自己的首要目标。因此，医疗干预的决策和人情关系杂乱交错在一起。

虽然没有简单的答案，但在这看似混乱而痛苦的状态下，还是透进了一道光，那就是"存在"。

托尼·拜克是一个佛教徒，他师从罗西·乔安·哈里法克斯（Roshi Joan Halifax）多年，他从各个角度检视自己学习行医的经历，意识到自己所接受的教育要求他有一个攻不破、刺不穿的保护罩。"我的老师会说，这不是成功的秘诀。她一直提醒我卸下防护，试着这样去生活：强健于背，怀柔于胸。带着原则生活，不向权宜之举妥协。用无敌的姿态生活，不如与之相和谐。这样做需要一些训练——刚开始时我有一种无可遮蔽的感觉。"

但是和谐需要练习。起初他是因为从事安宁疗护的工作而被禅宗吸引的，如今他已经禅修十五年了。"过去，我不知道什么是'存在'，"他说，"医学院告诉你那是一种具有超凡魅力的魔法一般的东西。但是，存在和魅力无关，它只关乎练习。如果你无法与自己和你所有的焦虑及恐惧相处，就无法获得存在的能力，无法与你的病人相处。"

托尼也谈了沉默的价值。懂得在自己内心耕耘一种保持沉默的能力，就能给病人一些显露自我的空间。培养沉默的品质或存在的品质并不局限于禅修。所有信仰都包含沉思默观的练习，心智觉知和冥想对任何感兴趣的人都敞开大门。

有许多有力的手段可以帮助医护人员探讨存在的话题，比如施瓦茨研讨会（Schwartz Rounds）或死亡研讨会（Death Rounds）就鼓励医护人员参加一个开放式的论坛，讨论关于死亡的感受和意见。施瓦茨研讨会是定期举行，以跨学科的研讨小组讨论开始，参与者有牧师、社工和医生。研讨小组简要介绍某个案例或主题，然后在场的陪护人员可以分享他们的观点和感受。死亡研讨会则是每月举行，陪护人员被邀请来讨论临终关怀的话题，并谈谈他们遇到的难题。死亡研讨会的一项研究表明，76%的参与者感觉到自己的价值，觉得自己应该加入重症监护室的轮岗之中。施瓦茨研讨会做的一项评估认为，参与研讨会的陪护人员会对患者及其家属更热情更富有同情心，团队合作度也更高，同时还减少了压力和孤独感。尽管这些结果令人振奋，但实际操作起来并不简单。医护人员还是被要求用更少的资源做更多的事。

如果你对死亡医学化的观察足够多，就会觉得它有点像卡夫卡的小说——预算紧缩让医疗机构没时间反思；而预算紧缩是因为我们干预得越来越多却收效甚微；而干预越来越多却收效甚微，是因为医疗机构和病人没有时间反思。

知道这些，看到这些，就能让医生和护士的死亡方式和我们其他人有所不同吗？肯·穆雷（Ken Murray）医生多年前写过一篇题为《当医者面对自身死亡》（*How Doctors Die*）的文章，传播范围极广。他在文章中提到，他认识的医生患者并不想选择他们给病人提供的治疗手段。安宁疗护的倡导者艾拉·比奥克也讲述过类似的经历。"我认识的，包括我有幸照顾过的那些身患绝症的同事，只要他们还觉得值得活下去，他们通常都愿意进行大量的医学治疗，在他们日渐衰弱的时候，极力避免进行过度药物治疗。"但对这一课题的研究——尽管是新的领域——表明医生和非医生在接受临终治疗时并无太大区别。这是为什么呢？"也许像其他人一样，"艾拉推测，"当生命飞速流逝的时刻，医生们发现他们很难遵循之前的愿望——避免激进的延长生命的治疗。"

我从这些故事中学到的是，你的逻辑思维根据数据或药物确立了一套信念，而当你面对自身的临终照护时可能会做出完全不同的决定。我们期望医生的死亡方式会和我们普通人大不相同。我们希望心理治疗师会非常擅长和家人讨论困难的问题。我们希望喜剧演员即便在糟糕的日子里也幽默有趣。

斯图·法伯（Stu Farber）发现自己正面临着这种人类困境。他创立并指导着华盛顿大学医学院的安宁疗护服务。他办了一个安宁疗护中心，以便帮助年轻的医生做好准备。随后他被诊断出白血病晚期。不幸的是，不久后，他的妻子也被诊断出同样的结果。斯图一下子同时承担了医生、病人、看护者和老师的角色。他的妻子说，即便他具备全部的知识，做好了充分的准备，但知道何时对自己的治疗说"够了"依然是件很困难的事情。她告诉《塔科马新闻论坛报》（*Tacoma News Tribune*）："我坐在（医院的）床边陪着他。然后我对他说：'如果斯图·法伯现在和这一家人坐在一起，他会告诉我们是时候回家了。'他坐了起来，看着我，然后他说：'是的。'"

你提前准备遗嘱、照护指示、授权委托书了吗?
如果没有,为什么?

我在第一章里写过,我妈妈遭受了巨大的打击,而我则把全家人从不谈论死亡和疾病话题的错归因于她。当然,我应当指出,是她给我的工作带来了最初的灵感。一天晚上,在我们听完钢琴演奏会,驱车回家的路上,她突然说起她去世的时候她希望如何安排的事情。她告诉我,她的房子做了专门的设计,方便护士在她遇到困难的时候到二楼照顾她。她不希望生活发生实质性的改变。她不喜欢养老院,她想在威拉米特河边自己的小房子里结束生命。她不想对我和哥哥下详细的护理指示,以免给我们造成负担。她还提醒我要将她火葬,还说钱已经付过了,又告诉我火葬将在哪里举行。

我完全不知该说些什么,只能咕哝着表示肯定。然后她继续说所有的文件都存放在两个地方。我们会立即用到的东西放在文件柜里,标注了"紧急情况下使用",其中包括医生的联系方式、处方、病历、医疗照护事前指示、一份生前遗嘱,以及一张"不予急救"(DNR)表格。保险箱的钥匙放在书桌的顶层抽屉里,我哥哥和我已经被授予了访问保险箱的权限。在保险箱里能找到银行账号、她的账户信息,还有一份更新的经过公证的遗嘱,写明了她对屋子里每一件东西的具体安排。另外,还有足够的现金,以备我们做一些需要花钱的快速决定。

我把她送到家门口,感谢她的深思熟虑和坦诚相待,然后我驶入夜色,心里涌上了两种非常独特的情绪。一是尊重,尊重她的勇气和周密。二是轻松。虽然我之前并不抑郁,但当她开始讲述,我感到一份无法承受的重担得到了确认,那就是她的死亡、随之而来的悲痛、悲痛中必须做出的决定——她说话的时候,这些全都压在我的身上,进入我的呼吸。然后她施以沟通的魔法,一打响指,重担消失了。我甚至没有意识到自己背负着它们。她告诉我该怎样纪念她,告诉我在最后几个月里她希望如何度过,希望最终怎样死去。这些是我妈妈给予我的最伟大的礼物。

***

泰勒的继父立了一份遗嘱,但已经十五年没有更新过了。他把一切都留给了妻子,也就是泰勒的妈妈。两年之后,泰勒的妈妈多瑞也去世了,泰勒是他们遗产的主要继承人,负责整理他们庞大的艺术收藏。多瑞是一名艺术家,泰勒也遗传了她对艺术的热情。当他和继兄弟把一些不太值钱的艺术品分配之后,他的继兄弟即将它们转手挂到了eBay(易贝网)上售卖,这让泰勒很难过。虽然他承认这是他们的权利,但这件事却加深了他们之间的隔阂——这一紧张局面无疑是因为泰勒在遗产继承上的角色比其他兄弟更重要而引起的。

即便在最简单的情况下,遗产问题也可能会变得十分复杂。尤其是涉及需要处理多次婚姻、关系到继兄弟姐妹、流动资产少而物品很多、各物品对不同的人意义不同、后代中的某个人比其他人继承了更多的份额时——这些情况泰勒都占全了。如果不了解已故父母的愿望,手足之间往往会互相竞争起来,像在青少年时期一样。

其中一个兄弟在遗产分割前就去世了,另一个兄弟已经有六年都没和泰勒联系过了。"我们彼此都需要时间。"他解释道。在因为遗产的事情闹翻之前,他们一致同意把双亲的骨灰(特意混在了一起)撒在泰勒母亲在遗嘱里指定的一个沙滩上。现在骨灰还静静地放在泰勒的抽屉里。"在我哥哥不在场的情况下撒骨灰，我觉得是不道德的。"他解释道。所以他一直在等待两人和好的那一天。

"等我死后，"泰勒的父亲——他依然健在——对他说，"留给你的所有东西用一个鞋盒就能装下。"没有一屋子的艺术品，没有需要归类整理的东西。他是在开玩笑，但也保证会一切从简。

*　*　*

坐在重症监护室里时，无数的思绪在查妮尔·雷诺兹（Chanel Reynolds）的脑海里翻滚。她丈夫才四十三岁。两人都没料到他们之中一人会坐在等候室里，而另一人即将失去生命。她心里悲叹道：我没法振作起来了。面对丈夫即将被一次自行车事故夺去生命的事实，她的压力源之一是不知道该如何处理财务问题。遗嘱还没有签名。她不知道有哪些重要的财务或保险信息，甚至不清楚丈夫在每个银行的账户名和密码。

根据2011年的一项调查显示，美国57%的成年人没有立过遗嘱。这里所说的不仅是二十几岁的青年（后文会进一步讨论这项统计结果），更令人震惊的是，在四十五至六十四岁的人群中也有44%的人没有遗嘱。

查妮尔清晰地记得，丈夫去世后的好几个月里她都跟律师和财务规划师在一起。她说："我向他们咨询遗嘱认证的问题，以及怎么合并我们的退休金账户。他们隔着桌子盯着我，然后说：'遗嘱的程序还没走完呢。'我心想：'是谁在导演这出戏？我们大家都怎么了？'"

按照法律，如果你死后没有遗嘱，你的财产会进入遗嘱认证程序，由国家来进行安排。继承人的顺序以及谁会继承哪些东西或许不会如你所愿。查妮尔说:"一些私人物品,比如情趣玩具,可能会被指定给某个不是直系亲属的人。如果你有什么个人请求,比如希望穿着猫王睡衣下葬,请让我知道,并告诉我睡衣放在哪里。"

当然,这些是争议较小的情况。查妮尔回忆道:"事情可能会突然之间复杂化。这就是我感到备受打击的原因之一。我是一个受过大学教育的中产阶级,一个说英语的白人,一个项目经理。如果遇到了困难,我会比大多数人更好地应对,但是当时太难了,我觉得自己要挺不过去了。"

查妮尔的经历启发她建了一个网站 gyst.com(Get Your Shit Together),用于向用户介绍生前遗嘱和人寿保险等重要的环节。她的故事立刻引起了大众的共鸣以及代理人和出版商的兴趣,然后她写了一部书《GYST 指南:如何振作起来(因为乐观帮不上忙)》(*The GYST Guide: How to Finally Get Your Shit Together (Because Hoping for the Best Is Not a Plan)*)。很显然,这份指南很有吸引力——因为它出自一个亲历者,而非一个说教的律师。然而我们大多数人都没有签过遗嘱。为什么会出现这样的断裂?是因为人们一想到要立遗嘱和委托书就很不愉快吗?是因为我们视其为一项杂务、一件必须完成的艰巨任务吗?就像报税——但报税尚有明确的期限,要求四个月内必须完成,可遗嘱的截止期限却并不可知。

* * *

希瑟·哈曼(Heather Harman)今年二十一岁,就读于密苏里州斯普林菲尔德市的杜利大学(Drury University)。希瑟是学校里的篮球明星,即将踏入成年人的阶段——还有几个月就毕业了,不过她很乐意谈论死亡。实际上，她觉得像她这个年纪的人正需要进行这样的对话。虽然打工领的微薄薪水还谈不上什么遗产规划，但是医疗照护事前指示对任何年龄的人来说都很重要。比如，在西雅图儿童医院，小病人会填写下自己的生前遗嘱，这样万一遇到无法交流的情况，护理团队也能知道哪些东西对他们来说是最重要的。

大四的实习项目，希瑟选择研究"为什么越来越多的大学生没有医疗照护事前指示"。她针对杜利大学的不同人群组织了四次死亡晚餐，分别是学生运动员、兄弟会成员、大一新生，以及住宿学生。她的发现令人震惊，但同时也在意料之中。五十名参与者中有半数人说自己愿意谈论死亡，这个数字比预期要好。但只有九个人真的和家人进行过关于死亡的对话。希瑟感到惊讶："如果你从没和家人讨论过死亡，你怎么会觉得自己乐意谈论死亡呢？"

希瑟和一个专业的引导员合作，每次晚餐的时候引导员会让参与者描述一下自己理想的一天，以此来开启话题。大家回答说想和家人或朋友待在一起，并且不用在乎时间。然后引导员问："假如你遭遇了严重的车祸或者患了绝症，很大概率可能无法过上理想的一天了，你会改变临终愿望吗？"她强调没有标准答案。

"这问题对他们来说很难，"希瑟说，"许多人说'我不想考虑这个问题。'他们真的试着把自己和自身的死亡以某种方式割裂开了……很多人把提前做规划视为消极对待生活。他们说：'我还太年轻，现在考虑死亡的问题还太早。'"

六十岁以上人群的一个共同观点是："如果我病了，我只希望不成为任何人的负担。"而希瑟的参与者们表达了同样的感情。"'负担'这个词被一次又一次地提及，"她说，"不仅仅是情感上的负担，还有财务上的负担。对他们来说，不给家人增添负担是比自己的愿望被得到尊重更重要的事。"希瑟的参与者平均年龄是19.66岁，介于我们印象中"标准"的千禧一代和财务意识更强的"Z一代"[1]之间。而这两个人群都认为金钱非常重要。

希瑟发现，和大一新生的讨论最难进行。她感觉他们非常沉默，可能还有些害怕。晚餐结束时，她不确定他们真的有多少收获，但她还是得到了惊喜。"在一份死亡晚餐后的调查里，所有人都说愿意或可能会发起一次关于死亡的讨论。"

为了推动他们朝正确的方向努力，希瑟也有一个计划。万圣节的时候，她请一个低年级的篮球队队友穿上镰刀收割者的衣服扮成死神，在整个校园分发医疗照护事前指示。接下来，她还计划办一次派对，请学校的公证人员来做特邀嘉宾。

希瑟显然是个特例。如我们所见，大多数美国人不论长幼，都没有为生命的终结（不管是突然去世，还是缓慢死亡）做好准备。为什么我们不把所有文件都整整齐齐地归档，方便在突发情况发生后使用呢？这件事看起来完全可以在填写人寿保险申请表或者给保健医生或给健康保险公司准备资料的时候顺手完成。或许我们还可以在结婚登记或签署劳动合同的时候增加拟定医疗照护事前指示和健康代理文件的环节。

又或许我们需要做的是调动整个社区对预先规划的积极性——通过市场推广的方式促进人们承担更大的责任。在威斯康星州的拉克罗斯，这座小镇的5.2万居民里有95%的人都填过医疗照护事前指示。他们在过去二十年里的努力卓有成效，让拉克罗斯的临终花费比美国平均水平低了30%。要想在国家层面节省一些费用，你无须成为一个

---

1. Generation Z，指1995年以后出生的一代人。

经济学家。人总有一死，住在拉克罗斯的人决定正视这一严酷的现实，并且在整个社区的范围内为讨论死亡和为死亡做计划付出努力。

而具有讽刺意味的是，我已经组织了五年的死亡晚餐，在我着手写下这一章的时候，我才把自己的这份文件准备好。

哪一次临终经历使你印象最深刻?

死亡拥有钻石一般的品质。它光彩夺目,不可反驳,无论转向哪个角度,它都放出新的光芒,带来新的视角。讲述我们见证过的死亡故事,有助于我们检视新的看法,明确自己的愿望。这些故事也是我们理解自我的方法,因为我们会把自己的情感投射到讲述者的身上。如果不分享这些故事,我们相当于拒绝了充分表达自我的能力。这就是阅读文学作品和神话传说对我们来说很重要的原因所在。

当具有传奇色彩的卢·里德(Lou Reed)因肝癌去世的时候,劳里·安德森(Laurie Anderson)陪伴着他——她的音乐伙伴、最好的朋友,以及丈夫。他尝试了所有的治疗方案,直到生命的最后半小时都没有放弃,然后,劳里写道,他"突然地,彻底地"接受了。她为《滚石》(Rolling Stone)杂志写了一篇动人的文章,写到他是如何要求到屋外去,走进朝阳之中。他明白即将发生的事情。"我从没见过比卢的去世更加充满惊奇的场景,"她写道,"他的双手流水般打起太极,睁大着双眼。我怀抱着这个世界上我最爱的人,在他去世前对他说话。他的心跳慢慢停止了。他并不害怕。我陪着他一起走到世界的尽头。多么美丽,多么痛苦,又多么炫目——这是生命最好的状态。而死亡呢?我相信死亡的意图就是将爱释放。"

***

丽莎刚过七十岁,被诊断出患有卵巢癌。和往常一样,她的本能反应是保护她的孩子们。当时,儿子刚刚迎来他的第一个孩子,女儿也初次怀孕。那是他们生命里富饶而美丽的一段时间，丽莎不想让自己的疾病分散他们的注意力。她过了一阵才把病情的严重程度告诉了他们。几个月之后，丽莎去拜访女儿杰梅卡的新家——那时杰梅卡的女儿九个月大——杰梅卡才清晰地意识到丽莎已经病得有多严重了。

"我记得我们和她一起坐在门廊外，问她是否想搬来和我们同住，"杰梅卡说，"然后我妈妈说：'我不想死在你们的房子里。'"这是他们第一次如此直接地讨论即将发生的事情。杰梅卡问她为什么不愿意在他们的房子里去世？"我妈妈说：'这是你们的新房子，你已经成家立业了，我不想让这种事发生在这儿。'"杰梅卡却有不同的看法——她不想让妈妈去其他地方。丽莎的儿子也表达了同样的感受——他想让妈妈离自己近一些。但是丽莎坚持不成为他人的负担。

丽莎和杰梅卡的父亲打算租附近的公寓，可是没等租好，丽莎的健康状况就急转直下。在一天深夜，她被送到了急诊室，几天之后就住进了医院。然后，一个医生（风度翩翩，丽莎很喜欢，杰梅卡描述他是长得像奥斯汀·鲍尔斯[1]的嬉皮士）在一次例行查房的时候坦率地和丽莎讨论了她的计划。他问丽莎出院之后是否打算继续和女儿住在一起，丽莎解释了自己的不情愿。这位医生看着丽莎，心领神会地摇摇头："别拒绝孩子主动提出照顾你的机会。"

这是个很有力的建议，是一个她所信任的人给出的不同角度的看法，丽莎的心里有些动摇了。她突然之间不再那么抗拒受到照料，愿意向儿子和女儿提出要求了。她意识到，当孩子们试图给予她爱和关怀的时候，没必要把他们推开。

在丽莎最后的几个星期里，杰梅卡承担了大量的护理工作。"我

---

1. 喜剧电影《王牌大贱谍》（*Austin Powers*）系列的主角，是一名打败"邪恶博士"拯救世界的杰出特工。

记得跟爸爸和哥哥讨论的时候他们觉得'可能需要好几个月或者一年……',但我认为女儿和母亲在一起是不一样的,我会亲密地参与护理的过程。我看见她,接触她,然后开始和她共同生活。我们每一天都在一起,她无法逃避身体发生的变化,我也不能。这没关系。我认为这是有疗愈作用的。我虽然心碎,但当我帮助她的时候,当我一周又一周地看到她的艰难,看到每天发生的变化时,整件事就会变得具体而真实。我们会抱着乐观的期望接受事实。当必须接受的时刻来临时,我感到平静。当我的爸爸和哥哥仍在问'我们怎么才能延长她的生命?'时,我的看法已经大为不同了。"

很多年以前,杰梅卡曾在非洲的和平队工作过,丽莎和她在那里共度了一段时光。他们和丽莎那位奥斯汀·鲍尔斯翻版的医生谈起非洲的回忆时,他也感怀地叹了口气,他也曾作为无国界医生到那里工作过。"那里的人显然知道如何死亡。"他说。杰梅卡知道他说得没错。她在几内亚生活的地方,如果有人即将死亡的时候,大家会聚集起来。

"朋友和家人都会过来,每个人在屋外坐上半天或者一整天,然后进屋拜访病人,给家人支持。"杰梅卡回忆道。

丽莎也希望这样。她在杰梅卡家安顿下来后,家门从不上锁,甚至很少关上。前来探望的亲朋好友进进出出,在丽莎生命的最后几周里,整个房子一片繁忙。丽莎的哥哥和嫂子是从一千英里之外赶过来的,他们搭起帐篷,嫂子每天都在杰梅卡家的后院里做一顿大餐,招待的客人从六位到十五位不等,还包括至少两个儿童。"那是我一生里最糟糕的一段时间,但也是最棒的经历之一。"杰梅卡说。一直有人过来帮忙出力,做一些需要完成的事情。杰梅卡每次打开冰箱,里面都满满当当地塞着人们带过来的食物。对她来说,这在现实和情感上都很重要。"我妈妈的临别礼物就是把一切都汇聚起来。我们度过了三周的家庭时光,开了三周的派对,喝了很多葡萄酒,吃了很多美食,而她是一切的中心。甚至在最后一晚,她当时已经失去了意识,躺在日光室里,我们打开窗户,好让她能看见外面的餐桌。"

丽莎去世后,杰梅卡意识到母亲给她的孩子们留下了另一份礼物。由于有充足的时间做打算,从处理保险到清点珠宝,丽莎尽可能地操办了许多后事,并且分配好每个人将获得什么遗产。杰梅卡承认爸爸也承担了很多事务,总之,她很感激能有单纯的空间用来进行悼念。"我知道对于许多人来说这些事务的负担有多重,而在我们家完全没有。如果要和几内亚相比,最大的区别就是那里的人死后没有表格要填,"杰梅卡说,"他们有明确的程序和传统,而且理由很充分——因为遵循传统意味着你无须做出决定。你可以专注于内心的悲伤,传统的程序走走过场就行了。"

杰梅卡是一名人口统计学家,因此出生和死亡的问题对于她的职业有着与众不同的含义。在工作中,她不得不把死亡看作数字。然而陪妈妈走完最后一程的经历给她带来了紧迫感,促使她思考如何处理自己的死亡。从人寿保险到遗嘱,她把所有东西都整理得井井有条。"人都有一死,"她若有所思地说,"要么接受,要么把它变成一场狂欢,给身边的每一个人都带来快乐。"

杰梅卡认为,丽莎对细节的关注也让她在最后的时刻能够放手。丽莎说:"我度过了美好的一生,我活得相当好,我非常幸运。我也希望有这样的感受。你可以说,永远都有更多的事情等着你;也可以说,我这一路过得不错,现在我想长眠了。"

***

八月里一个炎热的夜晚，博伊西市芳香四溢。几位全国最有影响力的商业领袖聚集在这儿的一座老房子里，他们分别来自艾伯森商店、诺科公司、圣马太医院和蓝十字蓝盾协会。随着宾客陆续抵达，老房子里充满欢笑，仿佛博伊西的所有人在上周一起打过十八洞高尔夫球一般。

这群人很容易就进入了正式的谈话。关于爱达荷州的人沉默寡言、西北部的人害怕进行严肃对话的误解顷刻之间烟消云散。这些人是来讨论赤裸的死亡真相的。

由于那天晚上的客人年龄大多在五六十岁，所以我知道哪句提示语最能引起共鸣。我开场便问道："哪一次临终经历使你印象最深刻？"

对话立刻集中在了照顾临终的双亲上。父母的去世把大家带入复杂的情绪当中，遗憾、苦涩、亲昵的感觉混合在一起，还潜藏着强大的治愈效果——那是我们和给予我们生命的人之间最重要的关系特征。我听过无数关于照顾临终父母的故事。这份工作压力巨大而且容易使人感到困窘，照顾者甚至有时候会怨恨和轻视他们照顾的对象。

听到别人表达了同样的感情，大家都非常惊讶。他们一直以为只有自己待人刻薄，觉得自己很可耻。通过交谈以后发现这是一种很普遍的现象，给他们带来了宽慰。这让我想起那些产后无法向别人诉说自己的悲伤、不喜欢当母亲、无法对婴儿产生依恋感的新妈妈。如果我们把可耻的感觉深藏在心里，它们不仅不会消失，反而还会发酵和生长。在博伊西市的那晚，我们不仅触碰了所有这类的话题，还谈了很多别的问题。

阿曼达·费舍（Amanda Fisher）是一家投资公司的合伙人。几年前，她遭遇了一场困境。当时，她母亲的健康急转直下，很快住进了得克萨斯州南部的一家临终关怀医院。阿曼达从叔叔那里拿到了母亲的电话号码——她和母亲已经几年没说过话了。

讲到这里，她踟蹰了一下。然后，她握紧了丈夫的手，向在场的人讲了关于她成长的故事，那是她之前绝口不提的。她的母亲十六岁时生下了她，阿曼达坦率地说母亲"是个瘾君子"。这句话给餐桌打开了新的方向。阿曼达用短短五个字就把我们推入了更深邃、更狂野的未知水域。今晚，我们不会谈论陈词滥调和笼统的观点。今晚，我们将讲述简单和原始的真相。

阿曼达简单地向我们介绍了她的童年。她原本和祖母过着稳定的生活，然而一天半夜，母亲和一个新的男友把她偷偷接走了。祖母一次次地把阿曼达从危险的环境里解救出来，最终成了她的合法监护人。在过去三十年里，她和母亲的关系都没有缓和，但当阿曼达听说三千英里之外的母亲失去了意识时，她的内心响起一个声音：回到她身边。她告诉她供职的私募公司的上司，说她要到母亲的身边去，需要离开几天，也可能一周。

结果，一周变成了两周，然后是三周，最后延长到一个月。母亲见到阿曼达之后健康状况有所回升，母女二人的关系达到前所未有的维度，仿佛一所再熟悉不过的房子里出现了一扇秘密的大门。由于阿曼达夜以继日地照顾母亲，她最终失去了工作，但她认为那个月给她带来了生命中最重要的一段体验。她们获得了平静，往日的创伤被翻起、清洗、包扎了起来。她能看着母亲优雅地进入另一个世界了。讲到母亲最后的时刻，阿曼达的眼泪止不住地涌了出来。她握住母亲的手，陪伴这位给予她生命的女性最后一次呼吸，心里感到无比神圣。

两年之后，阿曼达深爱的祖母的健康也急剧恶化。此时，阿曼达的事业正处于快速上升期。她抛下一切，搭上一班飞机去了芝加哥。在接下来的三天里，她都是在重症监护室里度过的。讲到这里，她的声音里明显透露出对失去祖母的恐惧。祖母拯救了她，养育了她，爱着她，并教会她如何原谅并照顾关系疏远的母亲。祖母是阿曼达脚下坚实的土地，是她在这个世界上亏欠最多的人。

阿曼达一连数小时坐在祖母身边，握着她的手。医生认为阿曼达的祖母虽然已经生命垂危，不过在接下来的几天里，她的状况不会出现大的波动。阿曼达衡量了她的选择。她的工作堆积如山，她没忘记上一次她因花太多时间照顾母亲而丢掉私募公司工作的事情。她感觉自己需要回博伊西市处理一项紧急事务，于是决定快速乘飞机回去一趟，然后在48小时内赶回祖母身边。这是一个艰难的决定，但阿曼达觉得自己必须展现出勇气，把工作负责到底。她刚一落地，手机就短信大作。短信中说祖母失去了知觉，离开了人世。

阿曼达讲到这儿不得不停了下来，仿佛需要努力换一口气。然后她讲到悔恨，那种感觉如同一把利刃在心、肺和骨头之间挖凿。"我愿意付出一切，"她一字一顿地告诉我们，"只想回到那个时刻，重新选择……不要工作、房子、轮船，统统不要。她离开世界的时候我不在她的身边……我做错了选择。"

* * *

盖尔·罗斯（Gail Ross）是一个版权代理人，总是在工作——不是工作狂的那种，而是在某种程度上和客户成为家人，她代理的书塑造了她的世界观，同样，她的世界观也塑造了她代理的书。图书是一项使命。

盖尔的工作也让她和寡居的母亲关系更亲密了，母亲在纽约有一间公寓，那里是出版世界的中心。每当盖尔从华盛顿特区出差到纽约开会的时候，她就会住在母亲家里——所以三十年来，两人每个月都会有两三个晚上单独待在一起。她们会出门吃一顿安静舒适的晚餐，然后回家一起看妈妈最爱的《海军罪案调查处》（*NCIS*）或《法律与秩序》（*Law and Order*）。在盖尔的成长时期，母女之间的关系充满焦虑。现在，随着焦虑的消失，两人变得亲密无间。

巧合的是，盖尔擅长的图书主题之一就是死亡。她曾经代理过关于安宁疗护、濒死体验，以及悲伤和疗愈方面的书。因此，母亲被诊断出癌症晚期时，盖尔对这个领域已经十分熟悉了。"我身边都是书写死亡的人，他们在生活里对死亡习以为常，"她说，"我变得开始执迷于与死亡相关的问题：如何让死亡显得不那么神秘可怕？死亡如何成为一个人精神旅途的一部分？"

"这并不意味着我能平静地接受面对死亡时的恐惧，"她澄清道，"而是由于这份工作，我不害怕与即将离开的人相处。"

随着终点的临近，盖尔搬到了她妈妈在纽约的房子里。"我搬过去的时候想的是在这里我可以工作、参加会议，同时也能照顾妈妈。"但是一切都只是设想，妈妈的情况很快走向下坡。"听上去相当疯狂，但除了我生孩子的那段时间之外，这是我一生里唯一一次把注意力完全放在了别的事情上。我没有考虑工作，也没有考虑世界。这段时间里我在全心全意照顾妈妈。"照护工作令人身心俱疲，虽然盖尔比普通人更了解临终关怀，但她意识到这并不表示自己可以随时得到帮助，获得援手。事实上，提供临终关怀服务的人都非常忙。那是在十二月，节假日马上就到了，临终关怀团队的人虽然很友好，但他们经常没空。而且，盖尔的母亲不喜欢家里总有护士进进出出。结果盖尔和妹妹日夜不停地照顾母亲，直到最后几天，一个夜班护士过来让她们休息一下。最后一周的大部分时间里，盖尔甚至和母亲同睡在一张床上。"我记得有天晚上她把我叫醒，对我讲她身处一座漂亮的中世纪教堂里。还有一晚她说我强迫她离开家住进临终医院，让她非常生气。我说：'不，妈妈，你在这儿，你在自己的家里。'"盖尔大笑着回忆道，"然后她回答：'那这儿的护理也太差了。'"

最后一天，护士凌晨四点就把盖尔和妹妹唤醒，说事情随时有可能发生。接下来的十二个小时里，盖尔和妹妹轮流陪妈妈坐着，最后，她们在客厅里放起了电影，每隔五分钟检查一次母亲的状况。"然后我们走进去，发现她看上去不太一样，仿佛在做最后一次呼吸。为了确定，我把手放在她颈部感受她的脉搏。然后，过了一秒，妈妈咽下最后一口气，我和妹妹站在旁边。那感觉很强烈，但也很美。"

＊＊＊

我在本章中分享的故事大多和照料临终的父母有关。我在晚餐上使用这个提示问题时，人们分享的故事也大多和照料双亲有关，因为这是我们最有可能遇到的照护体验。

我自己没有照料过临终的父母。父亲去世的时候我还太小，而且他住的医院离家很远。但我没想到仅仅是设想照料我妈妈的情形，也给我们关系的改善带来了契机。

从我刚学会走路开始，我和妈妈的关系就不那么亲密。从我开始记事起，我们的关系就有些距离。我不是在指责我们之间缺乏联系的事实。妈妈把我和哥哥抚养长大，同时还要照顾患有严重阿尔茨海默病的父亲，这些对她来说已经是现实的梦魇了。此外，她确实也不具备做母亲的基因，她的原生家庭——一个犹他州奥格登市的单亲家庭——对她也没什么帮助。更别提她还在十八岁时脱离了摩门教，和她的家庭断绝了关系。仿佛只有与我父亲的相遇才让她的人生变得美丽起来。然而她找到自己的"双生火焰"仅仅十年，父亲的心智就开始自我吞噬了。我的家庭就是一个找到了美丽的事物而后又被夺走的故事。我也一直在无意识地重复这令人痛苦的循环，直到最近。

父亲去世以后，我妈妈和我之间的生理不适感越来越强。然后，在青春期和更年期的共同作用下，情况变得彻底不可挽回了。我十五岁时，她把我赶出了家门，然后我又回来待了一年。在我十七岁时，我彻底地离开了家。一直以来，在家庭聚会和公共场合上，我们都是在演戏。我妈妈是一个优雅、迷人、聪明、美丽的女人，我们俩都懂得如何活跃气氛。和睦的表象之下当然始终有爱存在，但同样也有着大量的愤怒、指责和痛苦。

生命中我们偶尔会得到启示。它没有任何时刻表可以遵循，但是当启示降临的时候，它会重塑你的人生。一些人称之为头脑清醒的时刻，一些人把它视为神性的传递。我们怎么描述它不重要，重要的是能量强大的启示是人之为人的重要组成部分。我是在参加一次冥想静修的训练中获得了关于我妈妈的启示。一瞬间，我发现不用再努力压制杂乱的思绪，而是对她的死亡和临终的时日有了彻底的洞悉。不是因为精神上的启发，也不是因为她患了什么疾病，而是关于我自己，以及我在她生命末期将承担的角色。我清晰地认识到，当日子一天天过去，她的终期无可避免地到来时，我将是那个陪在她身边的人。

九个月过去了，我还没有打电话告诉她我的新见解。十一月的一个星期六，我在洛杉矶准备完成一份写作课的作业。导师让我们回忆一生中误解过的所有女性，不考虑她们对我们做过或没做过什么，而是关注我们对她们做过些什么后悔的事。他让我们优先考虑母亲、妻子、前任、女儿、朋友或者爱人，考虑我们刻薄、可恶、冷漠、强硬和可憎的时刻。"列一个表，"他说，"全都写下来。"写作任务开始了，没有人中途停笔思考。笔尖触碰纸面，列表越来越长。

二十分钟后，导师让大家停笔，然后说："各位，我没有对你们完全说实话。这份列表不仅仅是你们写作课的作业，在你们面前摆放的，其实是一份需要联系的名单……"

感受一下，这番话在屋子里掀起了怎样的轰动。

"我希望你们看看名单最前面的五个女人，先划掉正在监狱服刑的人，再划掉假如你打去电话会将自己或你爱的人置于危险的人。剩下的就是一场开放游戏了。转向你身边的人——你们结成搭档，打电话的时候互相给对方提供支持。你们有一个小时的时间给这些人打电话，并且道歉，要真诚。提前准备好你打算诚实道歉的内容，如果胡说，她们立即会觉察到的。要在电话里讲得简短些，告诉她们你很愿意尽快有机会当面交流，但是今天你只是想承认曾经对她们做过一些抱歉的事。"

我立马判断假如给孩子的母亲们——是的，有两个母亲——现在打电话，只会让在抚养计划和监护权方面的分歧复杂化。名单上的第三位是我妈妈，其后是一位我在一次约会时曾粗鲁对待过的女性，之后是一位被我以不值得重罚的原因开除的出色的同事。再之后的名单就不怎么有趣了。在我的生命里，我主要关注的是生活中最重要的关系，对偶发问题，我倾向于采取激烈而无礼的手段。

我拨通了妈妈的号码，心怦怦直跳。当我听到语音提示后，我感到一阵解脱。我的道歉搭档马特给他的母亲打了电话。在他们漫长、真切的交谈过程中，我的手机响了：是妈妈。我退后几步，接起电话。

我们先是交换了几句客套话，然后我开始进入正题。我声音颤抖着告诉妈妈，我对于她最后的日子所意识到的事，以及很抱歉没有早点打电话告诉她。我告诉她，虽然我们在情感上有距离，但只要有我在，不管她最后的日子是什么样子的，每一步我都会守候在她身旁。我告诉她，她可以依赖我，不必担心没有人来操心烦琐的细节，我会照顾她。电话两头的人都泪流满面，我相信，她听到这些一定和我获得启示的时候一样震惊。在这之前，大家都认为只有我哥哥会去照顾她，肩负起所有的重担，因为这是他一直承担的角色。

她流着眼泪说，她知道我拨出这通电话有多困难，她对我表达了深深的感激。接下来发生的事我只能称之为魔法了。

我妈妈道歉了。

她承认我们关系的疏远责任全在于她，并为疏于照顾儿时的我而道歉。

从我小时候起，我妈妈一直就处于防御的状态。我和哥哥或者任何人提出的批评都会被她转移，并且立即回敬批评者。我告诉妈妈在她面临死亡、身体最脆弱的时刻，我会陪在她的身边，我们长达四十年的紧张关系立刻消融了。和妈妈的这通共同面对死亡的电话让我原谅了她，也更清晰地认识了她。死亡谈话成为我们相聚的一个契机。

对我来说，这个提示的巨大潜力在于，它不仅能唤起照顾某位临终者的美好回忆，也引导我们思考尚未到来的考验。这让我们在生命的最后一刻到来之前，有机会得到治愈。

我们为什么不愿谈论死亡？

在南卡罗来纳州西北部的山镇，被压抑的对话就像漫山的茱萸一样普遍。虽说贝基的肿瘤医生已经把她的病情解释得清清楚楚了，但是在她家里，死亡乃至癌症都是不允许提及的话题。贝基的父亲甚至说："我们在这儿别提癌症这个词。"尽管如此——或许正因如此——贝基还是报名参加了一次死亡晚餐和死亡冥想。为此，她穿过美国交通最差的地区之一——亚特兰大城外，前往一个名叫瑟伦比（Serenbe）的小镇。

贝基匆忙地在长绒地毯上找了个位置——这个生态社区和度假胜地颇有南方风情。死亡冥想马上就要开始了。本次课程的导师是安吉尔·格兰特，她自信的声音响彻调暗了灯光的房间。几十个南方人慢吞吞地以仰尸式平躺下来，闭上双眼。

"注意你的内在如何对我接下来要说的话做出回应，"安吉尔说，"只关注身体内出现的感觉。没有对与错……"

"地球上现在的这七十亿人当中，几乎没有人会活到一百年之后……"

她停顿片刻，让信息得到充分消化。"在死亡的时刻，我们的心境是很重要的——如果我们抓住生命不放或者在任何方面产生累赘或阻碍的感觉，我们的痛苦都会以指数级被放大。一些临终关怀的护士告诉我们，在情感上还有未尽心愿的病人在死亡过程中承受的生理痛苦最强。"

"深呼吸，开始放松肌肉，从头顶一直到脚底。让自己在这个房间里下沉，身体，呼吸……"

安吉尔引导大家进行了一场七十五分钟的冥想，详细描述死亡过程中的私密细节。贝基在冥想中有所领悟。"安吉尔指导冥想的方式让我感觉身体属于我自己，"贝基说，"我从来没这样想过。我以前不知道身体是我的伙伴。这是我第一次关注身体为我做的一切。随着死亡的临近，器官会依次停止运转，它们这样做是为了保护我们。突然间知道了这些让我有种神圣的感觉。以前我完全不了解这些，因为这类思考都是被禁止的。我甚至不能谈论自己生病的事实。"

　　在贝基的记忆里，她的身体一直"不够好"。身体是个麻烦的东西，有时候是件工具，但她从没意识到身体也有值得学习的智慧，你可以倾听它的声音。过去她的注意力一直在拒绝接收身体发出的信息。现在，带着全新的观点，屋子里的人慢慢苏醒过来，她环顾四周，发现每个人的眼睛里都闪烁着有所领悟的光芒。隔壁房间里碗碟的声音吸引了大家。人们燃起蜡烛，往玻璃杯里斟上葡萄酒，南方农场的美食佳肴摆满了餐桌。

　　每个人都和邻桌的人分享了一个已经去世的亲人的名字，为他们点了蜡烛，并举起了酒杯。然后，安吉尔提出了晚餐的第一个问题：我们为什么不愿谈论死亡？你害怕死亡吗？死亡的哪个方面使你害怕？

　　"我不是个擅长在众人面前讲话的人，"贝基说，"但是我第一个发了言。我一开口就全说出来了。我面对的那些事从来没对任何人讲过。我害怕死亡，因为我知道我的家人一定会违背我的每一个愿望——下葬的地点、葬礼的方式。而且我觉得我的癌症已经影响了我的家庭。我的存在给每个人造成了混乱。我就像房间里的紫色大象，我像一个提示，仿佛我没有权力生病。而在这里，我和一群拥有智慧的人在一起，他们关心我所说的话，他们倾听，并且一个接一个地向我提问。当我开始讲我的事情,我的癌症突然之间仿佛没那么重要了。"

这个夜晚是贝基治疗过程中的第一丝光亮。能敞开心扉谈论死亡——这个自从她被确诊患有癌症以来就一直占据她脑海的话题,给她的生命打开了一条真实的裂隙。贝基决定放弃新一轮的化疗(她的家人很沮丧),踏上横跨美国的公路旅行,去太平洋游泳。

秋天,贝基决定和加拿大医生兼作家加博尔·马泰(Gabor Maté)一起去墨西哥参加静修。她每天和加博尔带领的一些人待在一起,他们没有正式的议程,每天深入内心感受被压抑的痛苦、恐惧、愤怒和悲伤。加博尔把这个过程称为"同情的询问"(compassionate inquiry),并且经常说:"我能提供给你的最有同情心的东西就是诚实。"从科学的语境来看,许多研究都表明压抑的情绪和压迫情感的行为模式会导致疾病。加博尔的方法令人联想起迈克尔·米德(Michael Meade)讨论过的一项赞比亚部落的疗愈传统。在那个部落里,每当有成员生病,他们相信这意味着一位祖先把牙齿放在了这个人的身体里。他们感觉牙齿会随着真相被吐出来。所以整个部落的人会聚在一起,生病的人会讲述他经历了怎样的痛苦感受,然后其他人也一一分享自己的体会。当痛苦的真相得到讲述,牙齿像被吐了出来,每个人都获得了净化。

所以,贝基和这些陌生人分享了一些少有人知的故事:孩提时代她曾经遭受过性侵,而父母却否认这件事(以及其他经历)。这些不好的经历让贝基学会了不要开口索求自己想要的东西,也不要谈论困难的事情。而今,患上癌症四期的她决定更换规则了。她愿意开口讲述一切。

在为期三晚的静修里,参与者们还聚在一起举行了一次庆典,尝试了由两种丛林植物酿的苦酒(在西方被称为死藤水)。静修结束时,负责庆典的萨满找到贝基，询问她是否愿意在接下来的三个月里尝试一种严格控制的饮食——不含盐、贝类、糖、猪肉、发酵食品、奶制品、柑橘，以及蒜、洋葱、胡椒等刺激性香料——然后二月份再回来喝一轮死藤水。萨满觉得如果她照做，癌症到二月底就会消失。和你一样，贝基的脑海里也充满了疑惑：癌症怎么会消失呢？她是不是遇到精神控制的邪教了？她怎么会蠢到觉得在丛林里喝了些死藤水、谈论些感受后，自己的病情就会好转呢？

然而当你无药可医时，你可能就会去尝试一些偏方。贝基毫无保留地照做了，在接下来的九十天里，她努力维持着这套相当新颖的饮食结构，几乎让她筋疲力尽。当她回到丛林时，她对糖的渴望已经消失不见了，她开始把吃进去的食物视为直接的能量来源，把它们看作和药物一样去进食。第二次丛林之旅结束后，她去看了肿瘤医生，医生拿着她的血液检查结果反复看了好几遍，困惑不已——贝基的癌症有所缓解。卵巢癌四期病人的存活率是 10%。

讲这件事不是鼓励大家都跑到丛林里和秘鲁萨满一起喝某种奇怪的调制饮品。我对于贝基为什么会康复，以及能坚持多久一无所知。然而，此时的她已经不再是开车去查特胡奇山讨论死亡的那个人了。她知道她的经历和情感创伤需要与人分享，而不是掩藏起来，对此她有自信——而且她身上散发出的光辉也极具感染力。她重新找回了年轻时的活力，并且改变了对自己和未来的看法。

向世界大声宣布：童年时期遭遇的不幸不但不会杀死你；相反，如果你开口讲述，会有更多治愈创伤的机会。

***

诺贝尔经济学奖得主丹尼尔·卡内曼（Daniel Kahneman）和阿莫斯·特韦尔斯基（Amos Tversky）的工作为我们不愿意开口谈论死亡的原因提供了一些看法，我们从研究中了解到为什么人会一直避免提起死亡之类的话题，比如为什么贝基的家人不允许说"癌症"这个词，为什么我们之中没有100%的器官捐献者，以及为什么我们没签过生前遗嘱，没指定好医疗代理人，没准备"不予急救"的指示，也没给自己买好墓地。

我们逃避谈论死亡的根源在于思维模式中的一个系统误差（认知偏差）。其实我们并不喜欢理性决策。主流的经济学家和行为学家们长期以来一直假设人是理性的决策者，所以他们弄不清楚为什么他们对人们的购买模式和行为习惯的预测总是大错特错。

卡内曼和特韦尔斯基希望理解我们到底在哪里错误地判断了现实，为什么我们自己的计算系统会在整体层面持续出现差错。他们开创性的研究带来的启示是：人类是依靠一个巨大的偏见和经验（也称启发，heuristics）网络或以自身在系统中所处的位置作为参照点的思维模式来采取行动的。正如卡内曼在他的重要著作《思考，快与慢》（*Thinking, Fast and Slow*）里所写的："我们会忽视显而易见的事，也会忽视自己屏蔽了这些事的事实。"

看不见的偏见每天影响着我们的行为，这些偏见中许多也涉及我们的生死。我认为关于这一点值得单独写一本书了，但现在请容忍我带领读者在"兔子洞"里稍微探究一番。

让我们先看看影响我们谈论死亡的一个偏见：基本比率谬误（base-rate bias），也称为基本比率忽略（base-rate neglect），即人们倾向于忽略和自己相关的一般性的数据，而关注某个特例。对于所有人而言，基本比率数据就是每个人都会走向死亡，人的死亡率是百分之百，过去是这样，将来也会一直如此。然而我们却不觉得自己会死亡。我们就在这里，呼吸、思考、阅读——这些也算数据。所以我们也忽略了"人终有一死"这个恼人的事实。

再看看另一个偏见：正常化偏见（normalcy bias），即人们倾向于相信如果某件事过去没发生在我们身上，未来也不太可能会发生。这一条可以和人们喜爱的短语 YOLO（你只活一次）放在一起来理解。记忆里我们只出生过一次，并且大部分人也没有关于死亡的记忆，所以我们几乎不可能把死亡纳入未来的考虑。

既然已经有这么多偏见了，我们不妨再加一条：礼貌偏见（courtesy bias），即人们倾向于给出更"社会正确"的意见而非个人的真实看法，以免冒犯他人。这种偏见是无形的杀手，它把我们与父母或配偶提起死亡话题的可能性降到了极其微小的地步。"礼貌偏见"在医生和护士中也普遍存在，他们往往会给病人描绘一个比真实情况美好得多的前景。如上文提到过的研究结果，只有 16% 的癌转移患者能准确描述自己的预后。卡内曼在书里对我们的这种死亡困境做了精准的总结："面对一个困难的问题时，我们往往转而去解决一个简单的问题，并且通常注意不到之间的调换。"

不过，好消息是，虽然我们容易忽视摆在眼前的事实，但大脑也不是石头凿的，它是柔韧、活跃而不断变化的。由于神经具有可塑性，大脑每天都会建立新的神经通路。有一个古老的印第安寓言里讲了两匹狼的故事，其中所包含的智慧、科学要花一番功夫才能理解：

> 爷爷与孙子在交谈，爷爷说，在我们身体里有两只狼一直

在打架。其中一只是好狼，代表着友善、勇敢和爱等美好的事物。另外一只是坏狼，代表着贪婪、仇恨和恐惧等。

孙子停下来思考了片刻，然后抬头问爷爷："爷爷，哪只狼赢了呢？"

爷爷静静地回答："你喂的那一只。"

如何与孩子谈论死亡?

许多人不记得第一次意识到自己会死是什么时候了。他们描述说那种意识不是顿悟得到的，而是一个逐步理解的过程——先是质疑牙仙子的存在，然后思考起圣诞老人、魔法和天堂这些更大的问题。

但也有一些人清楚地记得这一刻。珍娜不记得当时她多大了，但能清晰地回忆起那时候她和家人正在度假，他们驾车行驶在科罗拉多州到加州圣迭戈的大桥上，她记得当时心里在想，我是我自己，有一天，我会不再是我自己。

南希说："我记得那时我才四五岁，被'无穷'的概念吓呆了。我只记得我站在浴室里盯着双脚，突然意识到世界即使没我也会照常运转下去直至无穷。大约从那时开始，我会经常问父母我会不会在早晨到来前死去，所以我一定是对这一点比较执迷。"

史蒂夫说，大约在自己十岁那年，他正在地下室玩碰碰球（Nerfball）。他正心不在焉地玩着，一个念头突然闪现，然后在心里扎根。他惊慌地跑去和妈妈讨论，她仿佛早有准备，平静地带他上楼来到她的房间，拿出《圣经》。她向他朗读并解释说在上帝的屋子里有一间房间在等待他。他说，妈妈的话让他很高兴，但并没有缓解他童年时期产生的存在危机。

卡伦的年纪更大一些（十一二岁）时，她对死亡的意识是在和朋友露营途中，巴士翻车的时候被激发的。父母赶来把她带回家，巴士倒向一边，虽然没有人受重伤，但事故带来的创伤在她心里留下了印记。那天晚上，父母为她掖好被角时，她说出了脑海里渐渐成形的想法："今天我差点儿死了。"

安吉尔则是五岁。当时,她正在自己的房间独自玩耍。"我记得我把所有的碎片都有序地拼了起来,所以我只是静静地坐在床边想:'我会死,每个人都会死。'我记得我看着自己的身体想:'这也会终结。'我既害怕又困惑,想起了很多人,他们在我生命里来来去去,仿佛死亡不是什么重要的事。我想对他们说:'你们在干什么?你们没意识到自己会死吗?没意识到我们都会死吗?!'"安吉尔向身边的大人讲了她的新发现,但他们全都拿相似的话回答她:"噢,别操心死亡的事。别想它就行了。"

从那以后安吉尔每天都在思考死亡。

每隔一周,安吉尔会和爸爸、继母一起在南卡罗来纳州的一个小镇里度过周六的夜晚,然后第二天一早去美南浸信会教堂。安吉尔清楚地记得牧师说:"如果没得到救赎,你死后会在地狱里被炼火焚烧!"虽然安吉尔已经在另一个教堂受洗了,但她还是在这个牧师的教堂里接受了一次洗礼,因为牧师描述的场景把她吓坏了,她想确保自己不会遭此厄运。在之后一周的布道上,牧师又说:"如果你得到了救赎,但你感觉不到和被救赎之前有任何区别,你死后也会在地狱里被炼火焚烧!"

安吉尔考虑着牧师的话:受洗后的自己和从前比有什么变化吗?自己有没有感到什么不同?并没有。她惊慌起来,看来这次救赎也没什么效果。每天晚上,在上床睡觉时,她都会想象在地狱里被烈火焚烧是什么感觉。

她从没对爸爸或继母说过她的恐惧。周六晚上,她和他们一起玩大富翁或者拼字游戏,然后就爬上床,想着第二天要去教会的事情。后来,一到周六晚上她就变得强烈不适,以至于父母不得不带她去看急诊。起初,谁也不知道这是怎么回事。最后,他们终于明白了她得了溃疡。一个急诊医生和善地对她说："亲爱的，你在担心什么事吗？"但她回答没有——她没有，也无从意识到是她对"下地狱被焚烧"的恐惧导致了疾病。直到很久以后，当她上了大学后，她才明白过来。

在思考安吉尔的故事时，我关注的不是对地狱的恐惧——尽管这个话题可以好好展开讲讲——而是这个五岁的孩子领悟了生死和存在这样宏大的概念，但没有一个大人可以聆听她的问题，与她进行一次诚实可靠的交流。想一想，当我们对死亡有了最初的思考，是谁指引我们走过恐怖的道路？

当孩子们向我们提问时，我们努力寻找答案，因为我们担心他们得不到答案的话会被吓坏。然而关于死亡，有许多问题我们是无法给出答案的。

致力于将人类遗骸堆肥使用的 Recompose（重组）公司的创始人卡特里娜·斯佩德（Katrina Spade）选择从环保的角度和她的孩子们讨论死亡。她记得，她是在给她的孩子们洗澡的时候解释生命轮回的问题的，那时孩子们才两三岁。"首先有一只鸡，"她说，"鸡吃了我们院子里的草。有一天，它下了一个蛋。你们在吃烤饼的时候吃掉了这个蛋。然后我们把蛋壳用来堆肥，让土壤长出更多的草来喂鸡。这是一个循环！某一天我们死去，也可以把自己放进土壤里，让我们的身体帮助青草生长。也许有一天我们的青草也能喂饱一只鸡，谁知道呢？我的工作就是努力让这个循环发生得更直接一点儿。知道吗？生命和死亡是真正相连的，当一个人死去，就有了新的开始。"

卡特里娜还特意为她的孩子留出了感受悲伤的空间。她告诉我们，有一次，她的儿子擦破了点皮就号啕大哭起来。她询问他为什么难过，他回答说："每一次流血，都让我想起我是会死的。"

"噢，好吧，"卡特里娜表示理解，"那你就哭一会儿吧。"

至于安吉尔,虽然五岁时的她不知道自己想进行什么样的对话,但她现在有了两个小侄子。当他们向她问起死亡的时候,她的回答非常形而上。"我说:'你知道为什么我们的身体看起来非常坚实吗?如果有一台超强的显微镜,你能看到我们的身体实际上是由不断运动的微粒组成的。宇宙里的一切都是这样运转的。这些微粒振动的能量无始无终。没有终点,意味着这件东西永不消亡。如果我们都是由这样的粒子组成的,那么即使身体死亡,我们也不会死去,而我们——组成我们的所有粒子——会一直连接在一起,直到永远。'"

安吉尔觉得有必要给侄子们讲一些基础知识,而格雷格·伦德格伦则提供了另一种视角。他教孩子接纳不确定性,告诉他们没有确定的答案,也无须寻找坚实的基础。关于这个话题,他曾写过一本优美的儿童读本,书名是《死亡像一盏灯》(*Death Is Like a Light*)。他讲述写这本书的灵感时说:"我正在装修我的办公室,发现有一个卤素灯快要坏了。它先是开始轻轻地闪烁,然后会熄灭几秒,最后彻底坏了,灯变成黑色。我想,这和死亡看起来很像。你不能拒绝,也没法修好。"卤素灯引发他思考了一系列的"可能",把死亡和孩子能理解的事物联系起来:

"可能死亡就像学校,你在那里学习、交朋友,但并不确定毕业以后会去哪里。"

"可能死亡就像加了奶油、两颗樱桃和软糖的奶昔,当我们吃到最后一口的时候,心里可不能不满意!"

"可能死亡就像一把刻度只有 10 厘米的尺子。但是停止测量不代表一切都结束了。"

"可能死亡就像一朵花——雏菊或者三叶草,等春天过去,就要回归泥土。"

阿纳斯塔西娅·希金博特姆（Anastasia Higginbotham）也写过一本给孩子讲死亡的书——《愚蠢的死亡》（Death Is Stupid）记录了一个小男孩应对祖母死亡的故事。他不理会大人们所说的"她去了一个更好的地方""她可以休息了"种种陈词滥调。相反，他发出疑问："如果我死了，我会去一个更好的地方吗？""为什么她不能在这儿休息，和我在一起，然后继续活下去？"

如何与孩子谈论死亡？阿纳斯塔西娅不会跟孩子宣称自己能回答所有的问题，也不会告诉孩子（包括她自己的孩子）说她知道我们死后会怎样。但是她明确了三点：第一，你可以让可怕的事情变得不那么吓人；第二，你可以用好奇和合作的态度来回应他们的问题；第三，你可以仔细观察孩子，看看他们是如何应对的。

事实上，如果孩子的问题让我们感到过于不适，或者如果我们担心孩子会感到不适，我们常常会拒绝回答。比方说，当六岁的波利问妈妈，凯阿姨有没有被埋葬时，妈妈回答说，没有，她被火化了。

"什么是火化？"波利问道。

"噢，就是让身体变成骨灰，然后你把骨灰撒在对这个去世的人有意义的地方。"

"那身体是怎么从身体状态变成骨灰状态的？"

这个问题难住了她的妈妈。不过遵循阿纳斯塔西娅的经验法则，她回答道："用火，但是完全不会疼。不过，我也不太了解，你愿意研究一下它的工作原理吗？"

阿纳斯塔西娅说，如果孩子失去了兴趣，不必强求；如果他们重新回到这个话题上，也随他们去。另外，不要回避对话给你带来的感受，诚实面对。"允许自己说'我不喜欢考虑这个问题'，"阿纳斯塔西娅说，"然后他们可能会说'我也不喜欢'。"

阿纳斯塔西娅的一个孩子,从他六岁的时候开始,就特别害怕死亡。每天上床睡觉前,她都要去他床边平复他的焦虑,这样的情况一直持续了好几年。"有时候我会说:'你对死亡想得很多,不过此刻我们还活得很好,和我们关系亲密的人之中也没有谁在生病,那么告诉我,你害怕的是什么呢?'"她的儿子向她解释,他害怕陷入一种无法动弹,也不能说话,但思维依然活跃的状态。"我开始把这些问题视为加深我对孩子理解的一个入口,"阿纳斯塔西娅说,"他接下来会怎么想?对我自己的理解又会带来什么影响?——这不仅仅是我对孩子的理解,还有我对于死亡的想象。"他们的睡前聊天发展为对灵魂是由什么组成的探讨。"我参考我读过的书,在此基础上加入我的看法,也就是我认为确实存在某种意外,然后我们讨论起来。我觉得讨论进展得很顺利。"不过,不论谈话变得多么抽象,阿纳斯塔西娅最后总会小心地结束话题,把儿子带回当下,向他强调现实。"我会说,'你就在床上,活蹦乱跳的。我就坐在你身边,十分健康。外面的树也很茁壮。在这个空间里,谁也没有危险。让我们感受你身体里的心跳,感受我的手触碰你的手。'通过这种方式,我也把自己拉回现实。我没有对他撒谎或者说让他'别担心'之类的话。我要努力让他回归当下。"

虽然写书讨论死亡,以及和自己的孩子讨论死亡都不困难,但是有一次,当阿纳斯塔西娅思考这个话题有多禁忌时,她还是被震惊了。那次,她在布鲁克林的一家书店准备为七八个孩子朗读《愚蠢的死亡》这本书。她给孩子们分发了纸、胶棒和动物贴画,这样他们就可以一边听她朗读一边玩拼贴画了。然后,一个念头击中了她。"我心想,下面我就要打开这本书,然后告诉这些孩子他们将来都会死去。我到底在想什么?我怎么会觉得这样做没有问题呢?"

"我翻开一页,上面写着'每个生命最后都会走向终点'。"她读出这一句，然后看着他们的眼睛深深吸了一口气。房间里鸦雀无声。一个女孩用明亮的眼睛看着阿纳斯塔西娅，点了点头，然后冲我微微一笑。

阿纳斯塔西娅意识到她的话不会造成伤害，虽然根深蒂固的文化偏见告诉她这不可能。她明白，类似的对话到了某个时刻迟早也会发生，而现在，她写了一本书帮助孩子们通过温和的讨论来了解死亡。于是她继续读下去。

不同的孩子适应的方式必然各不相同，不过，孩子们通常都相当善于讨论死亡的问题。只有当他们长大了，开始将死亡视为禁忌话题后，他们才会闭口不谈。去影响一个五六十岁的人对死亡的看法的可能性微乎其微，因为观念已经固化下来。这就是为什么我鼓励邀请孩子参与对死亡的讨论。如果他们不想谈这个话题，没关系。但假如他们受到了吸引，那么就让他们加入。

你相信来世吗？

半夜里，我毫无来由地醒了，那时我十三岁。我看了看床头桌上的闹钟，记下时间：凌晨3点43分。我猜测可能是我需要上厕所了。于是，我下楼来到客厅，朝厕所走去。但是不对，那不是把我惊醒的原因。我重新朝自己的房间走去，走到楼梯扶手边上的时候，我停了下来。那是一幢大房子，对我们这个小家庭来说太大了，现在家里只有我妈妈、哥哥和我三个人。从楼梯的那个位置刚好能看见客厅、厨房和餐厅。一切都静悄悄的。太安静了。

我回到房间里重新睡着了。早上醒来后，我发现寂静依然存在，但是和前一天晚上不同，我立即明白了寂静传递的含义：我父亲去世了。我起床，下楼来到我哥哥布莱恩的房间，发现妈妈和布莱恩正相拥而泣。医疗档案确认父亲的心跳在凌晨3点43分之前停止。他在辅助照护机构去世了，离家二十英里远。

我睡觉很沉。我一向能够快速入睡，然后整晚睡得像块石头一样。我说不准这次经历意味着什么，也不明白它为什么发生。我不知道自己是否相信鬼神，对于另一个世界的样子也不抱有坚定的信念。也许你会以为大多数的死亡晚餐上都会讨论到关于来世的话题，但实际情况不是这样。在极少数谈到来世的场合，人们一般不会把自己的感觉和信念强加给他人。在死亡这片土地上，没有人是专家——我们都在共同面对未知。

我经常遇到一些濒死体验的故事，更常听到生者和逝者之间产生某种联系的神秘经历。我们可以称这些为灵异故事，但是这样太不公平了。我们的生命和死后的生活之间完全有可能存在联系，我们只是碰巧不知道它是什么样而已。

莱纳·玛利亚·里尔克（Rainer Marie Rilke）在《给青年诗人的信》（*Letters to a Young Poet*）中谈到不要太执着于同不了解的领域较劲的重要性。这段话引起许多人的共鸣，因此常常被引用：

> 现在你不要去追求那些你还不能得到的答案，因为你还不能在生活里体验到它们。一切都要亲身生活。现在你就在这些问题里"生活"吧。或者，不知不觉之中，渐渐会有那遥远的一天，你生活到了能解答这些问题的境地。[1]

※※※

安吉尔失去了她亲爱的朋友纽瓦·哈希姆（Newa Hashim），他在1998年2月被一名警察射杀。"我寻求了各式各样的安慰，但什么都没法减轻我的痛苦。可怕的事情发生了，公正却缺位了，"安吉尔说，"安慰不能缓解我失去朋友的持久阵痛。"

在安吉尔卧室的窗外有几棵高大的红杉，她会望向红杉，从它们身上找到陪伴。"阳光偶尔会穿透阿克塔的浓雾，从树木之间漏进我的窗户。在那些时刻，我虽然说不清，但仿佛能感觉到纽瓦的存在，我会坐在地板上，让自己被洗涤一新。"

"我没花太多时间思考我是否'相信'他、和他相连，很大程度上是因为思考这些问题会妨碍我感知他。"她只是在沉沉的寂静里一连坐上好几个小时，倾听和接纳。"有时候，"她说，"我听到他在

---

[1] 本段译文引自雅众文化/云南人民出版社2016年版《给青年诗人的信》，译者冯至。

我心里的某个地方安静地对我说话，或是以一种难以言喻的方式瞥见他的身影。我从来不确定——也不太关心——这些体验究竟是我的大脑造出来帮助我接受失落之痛的，还是有某种我无法解释的联系确实发生了。"

"我用了好几个月的时间在红杉之中寻觅他，"她继续说道，"后来，有天夜里，我做了个梦，梦见和他共度了一段时光。在我的梦里，他正在倒着滑轮滑，脸上迎着太阳挂着大大的笑容。他在阳光里离我越来越远，然后他说：'安吉尔，你得放手让我离开——你把我拽到地上啦。'"

"我突然明白他一切都好，这些事也一切都好，意识到我不能总是在想念他的时候拉住他来缓解我的悲痛。我在梦里大哭，从对他的爱到放手让他离开。醒来后，我仍然在抽泣，但是感到释然了。"

几周后，安吉尔最好的朋友贝基——她住在美国另一端的南卡罗来纳——去亚特兰大参加一个手工艺品展览。她在一个摊位前打量着待售的手镯，心想要给安吉尔也买一个。她和制作珠宝的辛西娅聊了聊，南方人的脾性使得两人友好的闲谈迅速深化成私人交流。辛西娅给她讲了自己被警察射杀的儿子，她说她一直没能获得安宁，因而活得很痛苦。然后辛西娅告诉贝基，几个星期以前，她做了一个梦，梦里儿子朝她走来，他们交谈了很久，最后，他带着爱意看着她，说："妈妈，我很好，但是你得放手让我走，你把我拽到地上啦。"

安吉尔的梦只对贝基一个人讲过。贝基惊讶地看着辛西娅说："你儿子是叫纽瓦吗？"辛西娅哭了起来，点头说是。

当安吉尔讲起这个故事的时候（她并不常讲），听者有的会露出惊讶的表情，有的则表示怀疑。对于后者，她就耸耸肩。

***

卡琳·麦坎得勒斯（Carine Mc Candless）和她的哥哥克里斯也有类似的经历。克里斯的故事因为乔恩·克拉考尔（Jon Krakauer）写的畅销书《荒野生存》（*Into the Wild*）而广为人知。年轻的克里斯离家出走，甚至舍弃了姓名，以"亚历山大·超级游民"（Alexander Supertramp）的别名在美国流浪。他把眼光投向阿拉斯加，在面对严酷的环境毫无准备的情况下进入德纳里峰的荒野。由于遭遇了一连串的困难，他在113天后死亡。在克拉考尔的书出版后的二十年间，公众并不了解完整故事的始末，许多读者推定克里斯是一个自私而不负责任的人。然而在现实中，克里斯和卡琳的成长环境里充斥着辱骂和欺瞒，克里斯之所以出走并非是受求死的愿望驱使；相反，这是他自我疗愈的一次尝试。卡琳比任何人都更清楚真相，她却没有站出来澄清事实，这是出于她对父母的责任感，也是希望他们从这不幸的悲剧中得到教训，停止欺瞒。然而随着时间一年年过去，克里斯不完整的遗产越来越让卡琳感到困扰。克里斯直到生命最后都在追寻真相，卡琳觉得自己也是试图遮蔽真相的共谋者。借由与西恩·潘（Sean Penn）合作的同名电影《荒野生存》，卡琳朝讲出完整的故事迈出了重要的一步。但是她的内心仍然剧烈冲突着，因为当时她和父母还保持着联系。后来卡琳在回忆录《荒野真相》（*The Wild Truth*）中写道，一天晚上，她坐在起居室里检查电影剧本，失去亲人的感觉突然袭来，强烈的失落感使她哭了起来。她大声呼喊克里斯，虽然觉得这样做很蠢："克里斯，求求你！我没办法自己承受。求求你，我需要知道你在我身边。"

第二天早晨叠衣服的时候，她接到一个电话，是朋友崔西打来的，两人有好几年没说过话了。崔西说很抱歉突然打来电话，但是她觉得应该和卡琳分享一下昨天晚上做的梦。在梦里,克里斯对她说:"你知道我是谁吗?"崔西说:"知道,你是卡琳的哥哥。"然后克里斯告诉她:"我需要你帮我个忙。给她打个电话,告诉她我在她的身边。"卡琳惊愕得哑然无声,崔西向她道歉,说担心给她增添了烦恼,卡琳则告诉崔西,别担心,这是一份不可思议的礼物。"我获得了难以置信的平静,有了继续前行的勇气。"她说。

***

大约一年前,莫妮卡二十三岁的侄女梅根不幸车祸身亡。从孩提时代起,梅根就拥有和马相处的天赋。"天赋是无法言喻的,真的,"莫妮卡说,"她和马有一种神秘的相处方法,绝不可能是任何人教的。"梅根去世前住在科罗拉多州,在一个饲养家牛和野牛的牧场当一名牧人。她刚到那里不久,就和一匹名叫格斯的野马建立起了特殊的友谊,在她之前格斯不让任何人骑。这真是奇迹般的关系。"他们就像协同工作的机器一样,"莫妮卡说,"梅根训练格斯,格斯也训练梅根。"

梅根死后,备受打击的家人前往科罗拉多举行了一次纪念骑游,播撒梅根的骨灰。他们决定给其中一匹马不配骑手,那匹马当然就是格斯了。格斯一直有点儿特立独行,但是在骑游途中它和一个骑手靠得特别近。"它始终保证特雅在自己的视野范围内。"莫妮卡说。特雅是梅根唯一的姐姐,也是她最亲近的朋友。两人总是称呼对方为自己的"那个人"。

到达预定地点以后,队伍停了下来。梅根的父亲特德从鞍囊里拿出骨灰。"正在这时,"莫妮卡说,"格斯躺下了。不单单是伏身跪着,而是完全侧躺下来。它的头伸展着,双眼大睁,这是深切悲痛的典型表现。"更惊奇的是,莫妮卡说,她听说格斯除了睡觉以外从来不会躺下,更别说还当着四十匹站立的马的面前。

牧场工人们看着格斯,眼泪从他们的脸颊流下——他们明白。格斯一直躺着,直到最后一个家人撒完骨灰。

人群回到牧场的时候,特雅和她的马离开了人群。送葬的人在畜栏重新集合起来时,他们看见一名骑手和两匹马从平原的对面朝他们疾驰而来。他们逐渐进入人们的视野,大家看清了那是特雅,她专注地伏身全速前进。奔跑在她身边的马是格斯,它大步疾行,和特雅的步调完全一致。特雅和梅根都是硬派的全身驭马风格,两匹马也以一模一样的姿态全速奔腾。莫妮卡说:"在畜栏这边观看的人知道,这是梅根骑着格斯和特雅最后一次奔跑。"

回想着那次经历,莫妮卡说道:"我一直认为生命就像一枚硬币,你能看见正面,或者看见反面,但无法同时看见两面。硬币的一面是生命,另一面是死亡。但两面是合为一体的。"

***

莫妮卡关于生命像一枚硬币的思考在我们遇见的一些正反两面都体验过的人身上体现得尤为明显。比如马娅·洛克伍德(Maya Lockwood),她走到了比任何人都更加靠近死亡的地方,不过没有跨过生死线。和许多有过濒死体验的人一样,马娅认为这是一份伟大的礼物。当时,她还差九个月年满四十岁,独自居住在旧金山。有一天,她觉得自己被病毒感染了,于是请假在家休息了几天,回去上班后,她开了一个会,然后她感觉又生病了。这一次的症状持续了八天。7月2日的时候,她感觉不太舒服,打算好好休息一下以便和朋友们庆祝7月4日的国庆日。于是她发短信告诉大家她要歇两天,让身体快些好起来。之后两天谁都没有再收到她的消息。到了7月4日,两个好友决定去看看她。他们发现她全身赤裸地倒在自家地板上不省人事,地板上到处都是她的失禁物,她的嘴里流出了绿色的胆汁,身体摸上去滚滚发烫。

马娅的朋友马上打了911叫来了救护车。之后几天,马娅都处于昏迷状态。医生尝试诊断她得了什么病,他们推测可能是败血症或者脑膜炎。(马娅的病因最终也没有定论,不过她被推测得的是败血症。)

四天过后,马娅醒了,她感到很迷惑,辨不清方向。这几天里尽管失去了意识,但马娅能清晰地记得失真的世界环绕在她身边的感觉,她清楚地记得当她决定放弃时的感受。"我猜我快要死了。那一刻,身体的痛苦、我的抗争和想要攥住一切的努力都结束了。不再有痛苦了。于是我明白了我们都是爱的一部分……都是一种爱的能量的一部分。"她告诉我这种感觉很难用言语描述。然后她叹了口气说:"很美妙。"

重新回归工作和生活的马娅与之前不同了。从外表看并不明显——她没有去做脸部文身,也没有拿所有的存款去买一辆特斯拉。她只是不再像从前那样喜欢不必要的刺激,也学会了设定界限,这是她之前一直做不到的。她还变得更在意自己放松休息的时间了。"那些很早就认识我的人还会邀请我参加一些激烈的活动,现在我通常都会拒绝。我以前从不知道干脆地回答'不'能给我的生活带来如此多的快乐和幸福。"

"我感觉就像我的操作系统或者电脑彻底崩溃了,"她说,"然后我获得了一套全新的系统。过去我艰难对抗过的各种病毒,比如自我设限、恐惧、焦虑和抑郁,它们全都消失了。我的大脑有了新的空间来创造和学习。"

和很多有过濒死体验的人一样,马娅说重生以后的她不再害怕死亡了。"我觉得我们得到了一个以实体的形态享受尘世的机会，"她说，"我们的身体有五感，可以感知生命。它可以充满快乐，可以充满爱，也可以如此轻松。我在四十多岁的年纪里得以进入生命的新篇章，我的心灵和头脑无比宁静。这是一份不可思议的礼物。濒死体验让我知道死亡没什么可怕的，让我学会全心去爱，而不被各种愚蠢的事情阻碍。"

马娅说，这次经历带来的两个主要的收获就是快乐和爱。"我得到第二次机会，我感到很快乐。不是手舞足蹈的兴奋，而是一种怡然自得的喜悦。"她说自己很愿意与人分享那种不惧死亡的感觉，"但是我转念一想：'也许轮不到我来分享，也许这不是我的工作。'"她又叹了口气，"它就像一颗钻石，最珍贵的钻石，不可思议。"

经典的濒死经历也很有趣，就像走进一片光的世界，闪烁的光影在不同的文化里都一致地代表着来世和离世时刻的意象。一项新的微观监测表明，当精子与卵子成功结合时，会出现一道闪光。这道火花是锌元素爆发释放的，出现在受精的瞬间。通常闪光越亮，代表胚胎越健康。

没人能确切地说我在这里讲述的濒死体验或者各种各样的鬼故事能带来什么启示。而且，我想强调的是，这并不是重点所在。重要的是，当我们遇见这样的时刻，如果我们直面其中的不可思议，就有可能得到惊奇之感。此外，我不认为人的目标是求得关于死亡的答案；相反，让我们的生命开始循着答案的弧度前进，才更为重要。我认为日本作家森京子[1]说得最好："我们所说的关于死亡的一切，其实都是关于生命的。"

---

1. 森京子（音译），日裔美籍诗人、小说家和非虚构作家，1957年出生于日本神户，擅长英文和日文写作，出版有《有礼的谎言》等多部著作。

你会考虑接受安乐死吗?

阿莉·霍夫曼是许多名人和准名人想向主流媒体透露些"难以下咽"的消息时会想到的人选。她为凯特琳·詹纳（Caitlyn Jenner）的基金会运营数字业务，曾帮助艾丽西亚·凯斯（Alicia Keys）发起废止大规模监禁的讨论。接到布里塔妮·梅纳德的电话时，她刚刚编排完吉娜·罗赛洛（Geena Rocero）震惊世人的 TED 演讲——宣称她出生时是个男孩。布里塔妮虽然还不出名，却拥有比所有人都更难开口的故事。

此前公众还没听过布里塔妮·梅纳德的名字。她二十九岁，刚结婚就被诊断出患有一种非常严重的脑瘤，她希望可以合法结束自己的生命，并且让其他人也可以更容易地获得辅助死亡。安乐死并不是新闻，我们现在更常用的名词是"尊严死"（death with dignity）。这个议题对于个人语境来说太过激烈了。如果你认为堕胎是争议话题，那么想一想结束成年人的生命会引起多少激烈的反对。这是一个禁忌，即使连对它的讨论都备受压抑。

阿莉飞往波特兰城郊的比弗顿与布里塔妮见面。"布里塔妮的逻辑非常清晰，"阿莉说，"我注意到她妈妈和丈夫都鼓励她去看新的医生，了解新的观点。但是她很理性，不像你想象中的那样情绪化。她衡量过自己的选择之后，心想，'这样死去会非常糟糕。我的身体会努力让我活下来，但大脑却想杀了我。'"用阿莉的话来说，布里塔妮明白，"希望就是个混账。"阿莉从不拐弯抹角。

收到不治之症的诊断结果时，布里塔妮和家人住在加利福尼亚州，但加州当时不允许病人结束自己的生命。于是布里塔妮的丈夫、母亲和继父举家迁往波特兰，在那里他们不得不先花大量宝贵的时间看医生、登记定居,然后布里塔妮才能勉强满足尊严死的资格。这些任务并不简单,尤其癌症每周都在扩散。

据阿莉了解,当得知加州最多只能提供临终关怀中心时,布里塔妮嗤之以鼻,她下定决心要把生命的最后几个月用来讲述她的故事,希望能为情况相同的人带来改变。他们拍了一部短片,布里塔妮对着看不见的观众讲解自己的情况和她对死亡的感受,得到诊断结果的时候,她和丈夫刚刚组建家庭。她还说,手边就有可以结束生命的药物让她感到安心,她计划在自己的床上死去,有家人和朋友陪在身边。不出所料,早间新闻节目拒绝触碰这个话题。这就是需要勇气的时刻了。团队听说有一个记者想报道死亡权的新闻,很快,人物网同意播出短片,并撰写了一篇报道。一天之内,就有四百万人观看了视频,布里塔妮的故事被千万人读到,她充满活力的样子十分上相,很快登上了《人物》杂志。

可这下,他们捅了马蜂窝。媒体的狂热片刻也不停歇。有摄影师在自家草坪上扎营绝对不是让人舒心的体验,尤其是他们还打算报道你即将死亡的场面。

所有信件和电子邮件都由阿莉以布里塔妮的名义接收,所以争议双方的激情和愤怒都要由阿莉来直接面对。许多人写信来想拯救布里塔妮的灵魂;也有许多人写信支持她的选择,并希望提供帮助。然后,阿莉说:"我们收到一封美好的来信,是一对来自亚利桑那州的母女。信中说,被诊断出癌症的妈妈经历了漫长的持久战,她们不知道该如何谈论正在发生的事。但她们表示,布里塔妮的故事给她们带来了交流的语言和一种默契。"

11月1日,布里塔妮选择在这一天死去。她醒来的时候屋里满是家人和朋友。他们一起爬了山,然后布里塔妮服下处方药,如她所愿,她平静地在家中离开了。

不到两年，加州也修改了法律，允许尊严死。实现这个目标，布里塔妮的积极倡导所产生的影响不容置疑。阿莉说，仿佛轮回一般，她的一个大学好友也得了和布里塔妮一样的病。她利用布列塔尼法在家里死去——就在加利福尼亚。

✳ ✳ ✳

我想澄清一点：虽然我认为布里塔妮是一个了不起的人，但我本人并不提倡也不反对尊严死。我认为争议双方的观点都有一些可取之处。不过我知道，假如讨论受到压制，我们是不会有机会做出明智决定的。针对安乐死，艾拉·比奥克是直言不讳的批评者之一，但他的批评并不出于信仰。他是一个不信教的犹太医生，在许多方面称得上是美国安宁疗护之父。他认为，当前人们对尊严死亡的狂热完全没抓住重点。据艾拉说，我们并不缺乏选择，缺的是优质的生命末期护理。

我也和艾拉一样，对于把"安乐死"装点得很轻松的话术感到怀疑。艾拉指出，"尊严死亡"和"死亡权"的说法是出色的营销手法。他特别指出，"医师协助死亡"（physician aid-in-dying）这个词代表的意思是截然不同的。他说，作为一名安宁疗护医师，协助死亡就是他的工作。他医治病人的症状，满足他们在生命最后阶段的需求。但是这和安乐死是两码事。"在我超过35年的临床经验里，"他说，"我一次也不曾为了减轻病人的痛苦而不得不杀了病人。"

艾拉担心即便有保险措施，协助自杀仍会将弱势群体置于危险境地。他也担心纵容安乐死会传递出错误的信息，即出资支持医疗系统杀人比做好生命终末护理的本职工作更合理、更高效。艾拉用安乐死合法化多年的荷兰为例来对照美国可能的未来,他指出,那里的人会因为疼痛、耳鸣和失明等不致命的症状要求安乐死。

"我相信,故意结束患者生命代表从社会层面以一种侵略性的方式回应人的基本需求,"艾拉在《洛杉矶时报》评论版写道,"如果我们可以稍微文明和冷静一点儿,就能够在讨论安乐死的同时也实质性地提高临终护理的质量。"

如果有人找到艾拉,说自己想要结束生命,艾拉首先会倾听这个人的想法。他会说:"再告诉我一些情况。我们如何可以减轻你的痛苦?"他会告诉病人,他本人不会开出致命的处方,但如果病人想找一个愿意开这样处方的医生,他不会阻拦。

艾拉和支持安乐死的人之间有许多共同点:他认为我们应该得到更好的死亡;他富于同情心,并且比任何人都渴望减轻病人的痛苦;他也认为我们应该开诚布公地谈论死亡。但是在其他方面就不一样了,双方的观点出现分歧,达成目标的方式看上去也截然不同。

***

面对华盛顿州 2008 年通过的《尊严死亡法》的争议双方,卓越安宁疗护中心(Palliative Care Center of Excellence)的创始人托尼·拜克最初并没有明显的倾向,然而随后他看见的实际情况令他震惊。他身边选择尊严死亡的人不太关注疼痛和苦难,而是注重自己的生活,就像布里塔妮·梅纳德那样,他们努力为同类人群的未来铺就一条更光明的道路。并且,托尼说,他们将有限的精力更多地用来帮助身边的人做好独自生活的准备。

托尼说:"一个患有卵巢癌的退休教师给女儿和孙女写了很多信,

留给她们在人生的重大时刻打开,分别是甜蜜的十六岁、毕业舞会、结婚纪念日和有了自己的孩子时;一个说话轻声细语的人力资源经理开了一个大型派对,和所有的朋友在一起畅饮狂欢,完全不符合他的性格;还有一个退休教授说:'我眼里的每一天现在全然不同了,虽然想到将要离开使我很难过,但是……你知道吗?这辈子我没有遗憾了。'"

不是每一个选择尊严死亡的人都是这般和善、冷静;选择死于疾病的人也并非天然就无法分享和体验这些经历。但是,据拜克所说,主动选择尊严死亡的行为会让人更敏锐地审视一切。

"他们的勇气和坦诚震撼了我,"托尼说,"尤其当研究采访结束之后,我回到肿瘤门诊,我询问病人今天是否愿意严肃地谈一谈癌症的预期,每个病人都会把视线移开。"

"我得出的结论是,"托尼说,"直面自己的死亡和脆弱能激发人的活力。"

那些希望加速自身死亡的人可能会把注意力放在自主和掌控上,视之为首要目标。这是再自然不过的选择,因为失去对生活的掌控是世界上最焦虑的体验。假如交通堵塞或者航班晚点让你感到失控,那么想象一下病痛会带来什么感觉吧。因失去自主控制而带来的压力一旦卸下,人们就能更好地享受生活,甚至治愈疾病。玛丽·卢瓦特(Mary Ruwart)博士曾写道,当她患胃肠道癌的姐姐马蒂痛苦地等待死亡时,声名狼藉的凯沃基安医生[1]向她许诺,等她准备好的时候他可以帮助她

---

1. 杰克·凯沃基安(Jacob "Jack" Kevorkian,1928年5月26日—2011年6月3日),人称"死亡医生",是美国病理学家、安乐死推广运动家、画家、作家、作曲家和乐器演奏家。他公开提倡安乐死,完善晚期病患的"死的权利",声称已协助至少130名患者结束生命。凯沃基安因二级谋杀罪自1999年入狱服刑八年,于2007年6月1日在不再为他人提供安乐死的条件下假释出狱。

结束生命。玛丽说,仅仅是得到许诺就让马蒂可以重新进食了。"她对止疼药的需求骤减,这样的改变几乎可以说是个奇迹。"

"我们了解到像她这样的情况并不罕见。病人太担心会在疼痛中死去,从而给健康造成极大的负面影响。"当马蒂放松下来后,她的身体有了治愈的机会。尽管她最终接受了凯沃基安医生的许诺,但是她感到生命的最后一程是在自己的掌控之中。

不过在托尼看来,尊严死亡的美好之处不完全在于掌控,而是更多地体现在选择这条路的人愿意靠近死亡、直面死亡。他说,这意味着"他们可以畅谈自己想说的话,拥抱自己喜欢的人。他们可以说:'嘿,我快要死了,真的。'而你作为家人和朋友,如果一个正在行使死亡权的人向你发出邀请,你是不会犹豫不决的。"

这些病人的家人不仅让托尼感到惊讶,还给他带来了改变。"面对诚实和脆弱的病人,父母、儿女和朋友们报之以爱、关怀和创造力——不是写张贺卡了事,我指的是令人惊掉下巴的皮克斯级别的惊喜。他们的想象力远远超出我的医学训练。他们和病人一起,在不幸的处境中热火朝天地制造美好的时刻和宝贵的遗赠。"托尼记得,一个病人的儿子曾经告诉他,自己终于翻过了这座山,可以和父母谈论他们的死亡了。还有一个病人的女儿说,她和母亲计划把母亲的一些珠宝首饰撒到花园里掩上,将来可能会被女儿偶然挖到,成为一个美好的惊喜。

托尼说,从那时起,"我试着每天都问问自己:我能努力像那样生活吗?我能坦然接受当下的脆弱吗?能在凋落的叶片底下,留心找寻蓝宝石闪耀的光芒吗?"

你想在葬礼上放哪首歌？由谁来唱呢？

安吉尔和我打算赶在晨会前匆匆吃顿早餐。我们选了西西雅图的一家小餐厅，这家油腻的小饭馆碰巧还卖唱片。头顶的扬声器播放着大卫·鲍伊的歌曲《声音和视觉》(Sound and Vision)，我正刷着脸书，一条消息让我心头一紧："就像宇宙间最耀眼的光芒熄灭，我们会想念你，starman。"我感觉整个身体里回荡着巨响。大卫·鲍伊死了。这首《声音和视觉》就像他的挽歌。

在这以前我从来不曾被某个音乐家或演员的死影响过，直到2016年1月10日，我才理解了这种感觉。我没想到大卫·鲍伊的死会对我产生如此强烈的冲击。泪水从我的脸颊流过，安吉尔显得有些慌忙，温柔地安慰我，我感觉自己就快像孩子一样大哭起来。我甚至不是鲍伊的忠实粉丝，但是现在回想当时的经历，回想他的死带给我的悲伤和失落，我意识到他的存在让我在这个世界上感到安全。他英勇无畏、坚定不移地影响我们的意识，把传统推向边缘或者彻底打破。他有无数种方式让我和我们更多的人探索自身的边界。没有他，世界瞬间黯然失色。

鲍伊展现了音乐可以触及我们心中不理性的部分，然后经过言语所不能及的地方抵达情感的领域——这就是音乐和悲伤往往紧密交织的原因。你很难想象在葬礼或纪念场合上没有音乐。

"你想在葬礼上放哪首歌？由谁来唱呢？"——我认为这个提示性问题具有破冰的能力，是个可以向父母、伴侣和长辈提出的安全的问题，不必担心他们会大加警惕以为你想叫他们考虑自己死亡的问题。我们生活在"播放列表的时代"，所以这个问题可以作为不成威胁的开场白。组织一群陌生人来讨论死亡的时候我就会用它，得到的回答往往有欢笑也有默然，你会惊讶这个问题会多么迅速地被推向深处。

五花八门的回答总是能打动我。有人想让路易斯·阿姆斯特朗（Louis Armstrong）起死回生，提醒我们现在生活在《多么美好的世界》（What a Wonderful World）；有人想放梅尔·哈贾德（Merle Haggard）的音乐；有人想放图帕克（Tupac）的《只有上帝能评判我》（Only God Can Judge Me）；还有许多回答颇为私人，并不宏大，比如希望让姐妹或挚友唱《飞跃彩虹》（Over the Rainbow）。

安宁疗护倡导者托里·菲尔德（Torrie Field）的回答让人觉得她仿佛已经为这个问题预演过几十年了。实际也确实如此。"我妈妈会唱比利·乔尔（Billy Joel）的《维也纳》（Vienna），"她说，"然后到第二段开头时，我最好的朋友们会一起唱披头士的《顺其自然》（Let It Be）。"她解释说："因为两首歌可以互相烘托，《维也纳》总结了我的一生，《顺其自然》是我向往的纪念方式。"

把唱歌环节安排给父母的做法不太常见，因为子女通常比父母去世得晚，这是所有人都努力遵循的自然规律之一。然而，托里在十九岁时就被诊断出二期宫颈癌，她在三年间做了七次手术。病情虽然一度减轻，但在她二十九岁时，疾病却卷土重来。如今她三十二岁，癌症暂时处在缓解期。

托里还把歌名《维也纳》文在了右臀。她小时候，妈妈经常唱这首歌给她听。"我妈妈超级迷恋比利·乔尔，所以我也超级迷恋比利·乔尔。她不给我唱童谣，反而唱比利·乔尔的歌给我听。"《维也纳》是最适合托里的歌，歌词告诫她，"慢下来，你这疯孩子""轮到你之前，你便得不到想要的一切"。

"我一直是个疯孩子，尽全力奔跑，奔跑，奔跑，"她说，"如果慢下来，我就会支离破碎，所以我一刻不停地奔跑。"

"得癌症是我遇到的最好的事，"她说，"它指引着我，教我认识到重要的东西，向我展示谁是重要的人，而我也认识了自己。"托里的妈妈总是说《维也纳》一定是写给女儿的歌。"这首歌教会我尊重晚年和死亡。它告诉我在创造价值之外还有一些别的东西。不论发生什么，你都无须证明你可以创造价值，只需要证明你是个好人。我希望朋友们可以记住这样的我，而不是那个总在跑啊跑啊的人。"这就是让朋友演唱《顺其自然》来烘托《维也纳》的原因。托里希望朋友们认为她已经超越了时时刻刻忙碌的自己。

我问她是否设想过妈妈和朋友们在那个环境里唱歌会是怎样的情景。"想象一下，他们也许会崩溃的。"我提示道。

"是啊，但没关系，"她说，"崩溃，那几乎是美感所在。唱这几首歌的时候，你完全可以崩溃。我花了很多精力为我的亲人和好友创造更好的悲伤空间。渐渐地，我发现，我越是有能力制造悲伤的空间、讲出我的悲痛，人们也越容易敞开心扉讲出他们的悲痛。我只希望我的死亡也能反映出这一点。"

※※※

音乐行业无疑有很多我们耳熟能详的名字和耀眼的巨星，以及许多能使我们熟记于心的旋律。明星的背后是制作人、经理人、词曲作家，是这些人雕琢塑造了对我们意义非凡的音乐和音乐行业。在过去二十年里，很少有幕后人士拥有理查德·尼克尔斯（Richard Nichols）那样的影响力。许多人是因为他是根乐队（The Roots）的经理人而知道他的，然而从这个身份看不出来他一生指导、启发过多少艺术家，他与他们合作，又挑战他们，讨厌他们，压迫和引导他们，直到他们找到自己真实的声音为止。

理查德·尼克尔斯患白血病去世后，根乐队的成员奎斯特拉（Questlove）写道："我们本该给离去的人做一番宣言，肯定他最后的贡献，再对笼罩着我们的悲伤做一个简单的陈述。然而，面对此情此景，我们的文化里却找不到合适的表达方法。没有任何宣言或陈述足以概括里奇的一生。但是，可以有一条简单的总结，那就是：理查德·尼克尔斯是独一无二的。我知道你们一定在想，我们每个人都是独一无二的。可是在此时此刻，这就是千真万确的事实。"

被诊断出白血病之后，里奇开了一个新的推特账号，里面满是他对治疗和自身死亡的思考。里奇是一个现代的斯多葛派哲学家，仿佛总能坦然接受生活向他抛来的一切困难。然而，面对渐渐将他蚕食的死亡，尽管里奇本人内心平静，和他关系最密切的伙伴们却无法接受一个没有里奇的世界。金妮·苏斯（Ginny Suss）曾经和根乐队密切合作了十五年以上，担任过从制作到巡演管理的各种角色，最近她是妇女大游行乐队（Women's March）的制作人以及复兴合唱团（Revival Chorus）的创始人。她是这样说的："他以前也得过病，但后来康复了。他是一个坚不可摧的人，一点儿也没有真正要离开我们的意思。然后，我接到一个电话，电话里说'你最好来一趟，我们准备撤下他的生命支持了。'我跳进车里，结果车立马爆胎了，我只好先换轮胎。接着，我在悲伤和震惊中开了六小时的车到了费城。"

里奇在最后几个星期里排了一场大秀作为自己的纪念仪式。整场节目长达三小时，计划精确到每一分钟。里奇死后，他的助手亚历克西斯告诉艺术家们，里奇已经写好了他想要的歌，选好了主唱，并且安排了表演时间，他们需要提前做好准备。金妮回忆起里奇去世后的那一个月:"他为每个人该怎么处理他的死亡制定了方法。身为制作人,他制作了自己离开世界的方式。他是在提供一场疗愈的仪式。"

才华横溢的小提琴家及作曲家埃米莉·威尔斯(Emily Wells)在里奇去世前几年才与他相遇,两人立即建立起有如家人般的极具创造性的联系。她也接到了和金妮一样的电话,成为里奇去世时围绕在他身边的一小群人中的一员。一星期后,她又接到一个电话:里奇把她写进了纪念仪式里,希望由她来演奏。

埃米莉向我讲述了那次仪式。大家聚在一起,走进费城的演出场地。"只有一个入口,你一走进去就有一张长桌子,上面摆着一个木盒子,里面装着肥沃的黑土。我们必须把双手伸进土里,然后用同一池水把手洗净。我们全都在同样的盒子里触碰同样的土壤,又在同一池水里洗手,通过这种方式,我们在到达的那一刻就合为一体了。这对进入场地的每一个人都产生了相当惊人的效果,因为你意识到这不是寻常的葬礼,谁都别想心不在焉。而里奇在世的时候就是这样对待别人的。他没时间照顾半心半意的人,所以,我可以理解他把告别仪式做成这种风格……我从没见过某人在告别的时候是如此专注于当下。那场景太美,太……勇敢,无所畏惧,你能感受到那份大胆。"

我想知道为一个你深爱的人演奏歌曲是否会很困难,我们之中也许人在将来的某天也会被要求为所爱之人做同样的事。"不太舒服,"埃米莉说,"但不舒服也是其中一部分。我没怎么经历过死亡,但是像那天晚上那样的经历我之前是从来没有过的,那种轻飘飘的快乐。我感觉演奏厅里的每一个人,台上的每一个人,全都浮起来了,就像在上升,而不是下降。从音乐的角度看,那是神圣的体验……而且必须靠我们互相合作来实现,即便当时的情形是那样的紧张和悲伤。所以,那次通过双手的合作胜过言语的表达。"

"有一些美好的时刻,"金妮说,"有一首歌叫《亲爱的上帝》(*Dear God*),那是根乐队有史以来最美的歌之一。我想许多人都会永远记得这首歌唱起的那一刻。"

金妮讲到,在经历了困苦,也得到收获之后,留在里奇身后的这群人变得更坚定了。"就像一场婚礼,一次新生。他的离开给我诸多方面带来新生。有的时候,人的本性是害怕改变。然而,友谊从中诞生,友谊也在此巩固。"

"第二天我去录音室,写出一首叫作《理查德》的歌,"埃米莉说,"我不想把曲子结束,因为我还没准备好回到地面。一整天我都在循环演奏。我想抓住这份体验。"

***

勒妮情绪复杂地讲述了她祖父的葬礼,颇有些紧张和不确定感,很像这位老人和他家人的关系本身。"他挺可爱的,可我也很怕他。"勒妮说。他的生活和子孙的太不一样了。他在一个农场里长大,大萧条时期被迫辍学去工作。第二次世界大战期间,他在太平洋战场服役,退役之后,他极其重视养家糊口,很容易因为食物没吃完之类的事情大发脾气,和妻子孩子的关系也很复杂,绝不允许别人违逆他的心意。不过,他拥有一种狡黠的幽默感,头脑灵光,擅长遣词造句,这些方面拉近了勒妮和他的距离。勒妮回忆说:"我住在英国的时候,他喜欢在写给我的信里讲些一语双关的玩笑话。"

葬礼困难重重,原因之一是没人知道与他结婚六十载的妻子该怎么办。她自己也时日无多,而且她因为住在养老院,而愤怒不已——对此勒妮的祖父感到愧疚。他和子女的关系也各不相同。该怎么写悼词才能囊括他的种种方面,同时又能让每个人都感到满意、产生共鸣呢?

勒妮的姑姑接下了这份工作。感觉上,她是最合适的人选。过去她和父亲的关系最紧密。她做过修女,后来在联合基督教会担任牧师,最后是一名疗养院牧师,是那种能够吸引其他人的人。她知道葬礼上说什么话合适。

悼词念到中途,她停下演讲,开始唱歌。"她嗓音相当洪亮。"勒妮说。没有伴奏,她放声唱出艾迪·费舍(Eddie Fisher)的一首1954年的歌:"哦!我的爸爸。"勒妮说:"她唱歌的时候,我感觉祖父太美好了,在场的人全都泪流满面。"

你想成为器官捐献者吗？

"有一天，屋子里只有我和我的心脏病医生，"贝拉说，"那是我换过心脏后的一年。医生说：'这不是你的错。你没做错什么。这不是你必须承担的后果，也不是你的责任。'"

贝拉是在九岁时得知自己心脏有问题的。高中的时候，她经历了一次心搏停止和一次中风（医学称脑卒中）。没满十八岁，她就被列入心脏移植名单，因此她可以优先获得一颗新的心脏。

"医生告诉我'这不是我的错'时，我哭了，"贝拉说，"不是因为我不明白她说的话。我知道。但是听见别人讲出来还是会带来非常非常大的力量。"

贝拉问心脏病医生，为什么没有情况相仿的同龄年轻人可以和她讨论病情？青少年癌症患者有互助小组，为什么移植病人没有？

"你知道为什么，"医生说，"因为他们都死了。"

他们必须服药以保证新的器官和身体的其他部位良好协作，药物让他们活下去，可是青少年却常常抗拒服药。对移植受者，尤其是青少年移植受者而言，这里有一个复杂的等式，让人心理上难以克服。"癌症总是坏消息，"贝拉说，"但是能挽救生命的器官移植看起来是不一样的。为了让你活下去，某个人不得不死去——这种感觉很糟糕，不过，最后它会带来奇迹。你怎么看？"

和其他青少年一样，贝拉也有些叛逆。"住院期间，我有强烈的呕吐反射，"她解释道，"吃药是件烦人的事，这会给你打上与众不同的标签，提醒我必须管理好自己。"她经常听到其他孩子故意不吃药的事，或者做一些破坏性的事，例如移植之后吸冰毒。"我理解。"

她说。尽管她绝不会吸冰毒，但她谈起了其他会这样做的孩子。"我不觉得他们完全是白痴。完成移植后的生活会困难得多。我遇见的每一个移植受者都在服用抗抑郁药。如果我停了抗抑郁药，我也能感觉得到。我曾经想过：'我住在别人的身体里，那不是我的身体。我本应该死去的。'我和很多人交谈，他们都有过同样的感觉。"

三月里，寒冷的一天，贝拉住进了医院，等待六月份接受移植。在这期间的几个月里，她的朋友们频繁来探望她，虽然是出于好意，但是他们生活的世界和贝拉居住的地方截然不同。男友经常给她发信息，送让她愧疚的漂亮礼物，都是你能想象到的一个拥有热情、充满情绪化，又完全不知所措的十七岁男孩会送的东西。朋友们围绕她建了一个群聊，努力想让她不会感觉太孤独。然而，当他们开始计划那些贝拉没法参与的派对、游戏和活动的时候，贝拉退群了。她的朋友们无法理解面对死亡是怎么一回事。"贝拉，"群里的一个人写道，"因为你不和我互动，我为你大哭了一场。"

做移植手术之前，贝拉没花太多时间来思考死亡的事。她病得太重了，单是躺在床上努力控制症状就要花很长时间。如今她有了新的心脏，过上相对正常的生活，她开始无时无刻地思考死亡。"每当我病症发作时，"她说，"我就会想'是时候了'。"她知道自己极有可能还要做一次移植手术，只是不知道会是什么时候。"也许是明年，"她说，"也可能四十年后。也可能永远不需要，但那不太可能。捐献的心脏从来都撑不了那么久。也许等我五十岁的时候又会获得另外一颗心脏。我听说坚持时间最久的心脏运转了三十年。"

所以，贝拉始终有种宿命之感，她意识到这对一个十九岁的年轻人来说是不正常的。不过，随之而来的还有某种程度的自由。她想当一名教师，和孩子们一起工作。这方面她不会受同辈压力的影响，不会觉得非得挣最多的钱,做最酷最性感的工作。和孩子们待在一起是她喜爱,而且热衷的事情。她对生命中最需要什么拥有老者一般清晰的认识。

贝拉联系了捐赠者的家人,这个年轻人的心脏现在在她的身体里跳动。六个月之后,他们回信了。她得知他们就住在安克雷奇,她刚刚去那个城市参加了叔叔的葬礼。这位年轻的陌生人在方框里打了个勾,就给贝拉的生命带来了最棒的礼物,也许同时还有最沉重的负担。

路易斯·海德(Lewis Hyde)的著作《礼物》(The Gift)告诉我们,购买或出售某件物品的行为会制造出一个范围,通常是一条边界。定义明确的边界范围对于经济活动和贸易双方是健康且必要的。然而礼物却有着截然不同的动态结构。礼物制造出联系,消解了边界,把我们彼此捆绑在一起。

正是出于礼物的这种意义,我主办死亡晚餐时从来都不收费。死亡晚餐是一个礼物,它的目的就是制造联结,而非谋取利益。我们在这方面太落后了。我想请你这样考虑:经济依赖于关系,而关系依赖于信任。当我们毫无保留地真诚地与他人分享自我,信任就此建立。可以说,我们整个文化都有赖于礼物,以及由礼物带来的信任。所以难怪我们现在的文化病入膏肓了:因为我们把经济当作根源了,而不是大树的枝叶和果实。

在我们这个基于商业和贸易的世界里,其他人的器官——可以说是最有价值的礼物了——可能会带来剧毒式的伤害。放在任何人身上都是个沉重的负担,更不用说由青少年来承受了。我们的任务是用人性纽带环绕这些灵魂,允许他们报答,感恩,而不必被重负压得动弹不得。

***

"你想成为器官捐献者吗?"这个提问是如此平淡无奇,最常出现在令人厌烦的成年人的事务中,譬如领驾照或者更新驾照之类。你拿着号码,在机动车管理局的荧光灯下,坐在温暖的等候室里,每个人都恨不得不来这里。你往表格里填上已经写过几百遍的信息——生日、地址、紧急联系人。表格要求你勾选一个方框,询问假如遭遇不测,你是否愿意成为器官捐献者。或许你跳过了这一步,并不想思考这个问题。然后,你就继续去忙别的事了。

然而,假如你真的停下片刻,想一想,会发现原来勾选一个方框能产生多么了不起的影响。平平淡淡的提问会带来不可思议的奇迹——即便不是精神上的,至少也是医学奇观。而与其他关乎生死的情况相比,器官捐献的世界最为深入地与价值问题纠缠在一起。考虑到这一点,一次简单的勾选其背后的重要性也显得更加复杂了。

2004年里克·西格尔(Rick Segal)被诊断出致命的心脏疾病,他了解到:第一,他需要一颗新的心脏才能存活;第二,像他这样的纽约人仅有12%登记为器官捐献者。贝拉几乎立即就得到了心脏,然而里克却等了五年——五年的时间真的会让一个人的生活变得一团糟。因为很显然,如果你想活下去就需要进行心脏移植,这意味着你得等待某人死亡。

里克在纽约长老会医院住院期间,一群加拿大黑雁飞进一架全美航空班机的引擎里。接下来的故事我们不少人都知道了:萨利机长沉着冷静,拯救了一百多条生命。后来这次事件被改编成了电影,由汤姆·汉克斯主演,巩固了萨利机长的英雄形象。听说了这次险些坠机的事故后,里克首先想到的是,那可能是一整架飞机的潜在捐献者,就在我的医院边上。随后他绝望地想,为什么自己会有这种念头。里克的儿子格雷格解释说:"癌症患者也许会对你说他们讨厌化疗,而等待接受器官捐献的病人会告诉你,他们讨厌自己。"

幸运的是,里克在最后一刻等到了捐献者,接受移植十年以后,他依然好好地活着。等待移植的那段时间对于他和家人来说形同五年的地狱。五年里他病情严重,五年里他一直在思考,为什么只有12%的纽约人认为他的生命值得拯救?

人们也许会因为一些可以理解的原因不愿意登记成为捐献者。一些人出于宗教信仰而反对捐献。(值得注意的是,很多天主教领袖视器官捐献为可以容许的最终行为。)还有一些人,尤其是边缘人群,他们不信任这套系统,不愿意把名字填入任何类型的注册表,更不用说会给身体带来侵犯性影响的捐献了。然而不同于其他医学问题,器官捐献有赖于人们参与到系统中来。它依赖陌生人的善意。

"在我走过的地方,根本没有人在乎。"里克的儿子格雷格说。朋友们会来关心他,问他情况怎么样,问他如何应对父亲的病情,以及自己能否做些什么。对于最后一个问题,格雷格回答说:"是的,登记成为器官捐献者吧。"但人们并不会去登记,或者不愿意登记。"这让他们的同情显得空洞。"格雷格说。他当然不会要求任何人直接给他爸爸一颗心脏——他只是希望他们为慷慨和理解做一点儿象征性的姿态。但是人们不想回应这个问题,他便不再询问,也不再谈捐献的事了。里克的儿子说:"有这样的经历太痛苦了。我感觉人们不愿意做这件其实毫无代价的事。"

里奇接受移植之后,这件事对格雷格人生的影响没有减退。他选择的职业是风险投资,但每到夜里他都想着器官捐献的事情而无法入眠。爸爸生病期间他时常思考,为什么器官捐献组织没有更好地利用像他这样的家庭来助力宣传呢？他对捐献系统思考良多，以他的观察来看，系统已经严重崩坏。"我一直在想，怎样让更多的人得到器官移植？我认识的人里有谁可以出资或者合伙？我单身，二十几岁，没有孩子。如果你也处在我这个状态，并且有能力，你也会把时间和金钱花在让你睡不好觉的事情上。于是我意识到我必须这么做。我无法说服自己不去行动。"

格雷格和珍娜联合创办了Organize，一个致力于改变世界的器官捐献非营利组织。他和合伙人珍娜·阿诺德（Jenna Arnold）建立起器官捐献的第一个中央注册系统，推动与捐献相关的一切流程更简单化、更流水线化，使之不再神秘。这项工作的关键之一在于，让我们的社会重新看待这个选项。Organize的目标是把语境从车管所（我们知道，人人都讨厌这里）转移到一个既不烦琐，也不吓人的平台：社交媒体。给你的捐献意愿加上话题标签"#"，虽然看上去像个诅咒，实际上它是完全合法的。格雷格和珍娜重新找到在20世纪60年代时负责制定器官捐献意愿登记办法的那些人，要求他们更新器官捐献的登记方法。他们不抗拒推特和脸书等形式；相反，他们赞同以这些平台作为合理的讨论场所，让你的捐献意愿为公众所知。

这些努力带来的结果是，人们可以轻松地表达想成为器官捐献者的意愿了。格雷格和珍娜还办了一个关注肾脏器官活体捐献者的网站。创办它的最初动力来自约翰·奥利弗（John Oliver）在《上周今夜》（*Last Week Tonight*）的一期专题节目。奥利弗讽刺肾透析治疗既昂贵又危险，把透析中心比作快餐店。他还呼吁人们发推特表达自己的捐献意愿：#当我死去请取出我的肾。奥利弗的节目片段在*YouTube*上获得了几百万次观看，引领了社交媒体的新潮流。仅一日之内，签名捐献肾脏的人数已超过以往三十年里肾脏捐献的总数。次月，在前总统奥巴马的主持下，白宫首次举办器官捐献话题的峰会。改变正在悄然发生，这是一件不可思议的事情。

摆在我们面前的问题是完全可以解决的。如果大多数人都登记自愿捐献器官，器官捐献就不会出现短缺了。我们将不会有五年之久的等候名单，不必像里奇那样因长久等待而备受痛苦与折磨，也不必像格雷格那样感到被纽约人民抛弃，更不必像贝拉为她年轻的生命寻找价值。而且人们无须付出代价，有益而无损。有的人出于强烈的信念拒绝捐献器官，但这是另一回事。主动选择不捐献器官的人占我们人口的很大比例，他们大多不是出于信仰或道德反感，而是因为不想思考这个问题。因为选择"不"或者直接放弃会更简单。因此格雷格"被放弃"的感觉完全合情合理。你真正需要做的，是接受自己终有一死——惧怕面对这直白的事实阻拦了你做出选择。

一场"好的死亡"是什么样的?

凯西·马克斯韦尔（Kathy Maxwell）说，原计划是等母亲看完预约的检查就去吃晚餐。凯西的三个表亲来了，大家都很期待去母亲最喜欢的一家希腊餐馆。但谁也没料到预约的检查会带来坏消息。总的来说，凯西的妈妈图迪身体还很健康。虽然她爬山的时候出现了一些疼痛，促使她预约了医生检查，但话说回来，又有多少七十几岁的人能像她那样爬山呢？何况她看起来也状态极佳，仿佛健康就写在脸上。

医生让所有人认清了现实。她让全家人坐下，解释说图迪之前切除干净的黑色素瘤又回来了，癌症已经扩散到了周身。医生严肃地告诉图迪把自己的事务提前安顿好，她只有六周到六个月的时间了。那天之后，过了五个星期，她就去世了。

在走出医院去停车场的路上，三个表亲全都不知所措，谁也不知道接下来该怎么办。

"我们要出去吃饭！"图迪宣布。于是他们照做了，大家在震惊中把盘子里的食物拨来拨去。

"我姐姐有座小别墅，我和妈妈搬了过去，"凯西说，"孙子和孙女们都来道别。我女儿罗西向大学请了一个学期的假，以便过来帮忙。"

图迪有一个很棒的团队照顾她。凯西自己是一名护士，他们也让安宁疗护机构介入，罗西则身强力壮——后来证明这一点非常重要，因为她可以在图迪需要的时候挪动她。罗西带来了图迪最喜欢的书《小王子》，每天下午为她朗读。他们也有时间交谈。罗西对外婆说："你没法来参加我的婚礼，也没法看到我的孩子了。我怎么才能知道你在我身边？"然后外婆说："我想我会在你意想不到的地方以心形出现。"

凯西说:"罗西和我在各个地方都能看到心形。"

图迪去世前两天时,罗西坐在她床边。图迪遭受着剧烈的疼痛,但突然之间,她开始摆手:"噢!我……我在路上了,真美啊!这里有鲜花,还有一只猫。"

罗西问道:"还有谁在吗?"

"没错,"图迪答道,"还有我的朋友朱迪。"罗西继续询问图迪看到了什么,直到图迪终于说:"亲爱的,每次你问一个问题,我都得回到路的起点。"

"就好像她正走向一场家人大团圆,"凯西回忆说,"她生气勃勃,并且很高兴见到每个人。从那里回来之后,她让人把她的一本小黑书拿过去,那是她用来记录菜谱和个人笔记的,她在上面写下'玛丽安'。她说:'我想让玛丽安来接我。'"玛丽安是图迪的姐姐,图迪一直仰慕她,她去世时年仅三十三岁。

罗西继续为外婆朗读《小王子》,然后在图迪的最后一天,罗西和凯西轮流朗读,直到读完最后一页。那天晚上,罗西问凯西:"你介意我上来与你和外婆一起睡吗?"

她们让图迪安睡在身边,当天夜里她便去世了。

"我妈妈活着的时候害怕很多东西,"凯西说,"除了养孩子、做饭、洗衣服外,她不相信自己有天赋做别的事。但她在离开时有着我从没见过的美丽和优雅。"

***

"天啊!你还真没骗我——真的很苦!"

莱斯特一边大喊大叫一边伸手拿水喝,洪亮的男中音在他妹妹的房子里回荡。在莱斯特成年以后的大部分时间里,皇冠威士忌一直是俘获他的安慰剂。这是他多年以来第一次把酒给吐出来。

在华盛顿州,如果你选择通过尊严死亡结束生命,需要喝下一杯混了药物的水、果汁或者你喜欢的酒精饮料。掺了药物的饮料会很快使人意识模糊,直到生命悄悄流逝。大多数已经戒酒的人不会选择酒作为药物的基底,他们不想在最后的时刻让酒抢了风头。不过莱斯特认为皇冠威士忌包含巨大的讽刺,他从整个过程中看出了幽默。

萨丽·麦克劳克林(Sally Mc Laughlin)讲起这个故事时,餐桌上爆发出哄然大笑,还有泪光闪烁。那是一个阴冷的冬日傍晚,外面下着大雨,我们在华盛顿湖畔相聚,那可能是我拜访过的最温馨的屋子。我们正在吃《银色味觉食谱》(*The Silver Palate Cookbook*)里的经典菜肴马贝拉烤鸡(Chicken Marbella)。当我问"马贝拉烤鸡是什么?"时,大家又抓住机会笑了一番。我目前是餐桌上年纪最小的人,其他人的平均年龄都接近七十了。(我猜如果你有七十岁,你也会知道这道菜。)

我受邀为华盛顿临终关怀(Endof Life Washington)的董事会成员主持一次死亡晚餐,这是一个帮助人们为生命的最后时刻做计划的机构。这个非营利组织为客户的临终选择提供咨询,包括有计划的死亡,同时倡导为病入膏肓的患者提供选择。我们桌上有一位该组织的创始人及协助死亡运动的先驱希拉·库克(Sheila Cook,她甜美而坚定地教我拼读她的名字),八十七岁。这群人几乎比任何人都更了解那狰狞的死神,我想知道他们是否经历过称得上"好"的死亡。

萨丽是华盛顿临终关怀的执行董事,这个组织会培训志愿者来施用必要的药物。萨丽说,她和组织一起见证的第一次死亡就毫无疑问是"好的死亡"。(当时她还只是志愿者,不是董事。)对此她很感激。虽然她理智上相信患病的人有权结束自己的生命,但情感上她并不确定亲眼见证死亡会带来什么感觉。

这就要带我们回到莱斯特和他的皇家威士忌的故事了。

一切要从莱斯特的妹妹玛丽说起。她和莱斯特已经十七年没见过面了,但当他们的继母去世时,玛丽找到了莱斯特,把这个消息告诉了他,他当时住在佐治亚州的一个房车里。"真巧,"莱斯特说,"我也快死了。"他患有骨癌四期。

莱斯特一生艰辛。正在戒酒的他称自己是个建筑工人,但是没人确切地知道他靠什么生活,过得怎么样。玛丽和哥哥过去极为不睦,但她无法接受他可能会独自死在佐治亚那个没水没电的房车里的结局。她把哥哥带回了华盛顿州和她一起生活。不久后,他们打电话给华盛顿临终关怀中心,想问问是否有加速死亡的选择。

他们第一次碰面时,莱斯特先是大体了解了整个过程,然后萨丽注意到他有些焦虑不安。萨丽问:"莱斯特,你有什么问题吗?"

"有,"他说,"之后会发生什么?我有点儿好奇。"

"你是指你的身体吗?还是说你好奇莱斯特离开他的身体以后会怎么样?"

"对,"他说,"我就是在想这个。"萨丽和莱斯特讨论了注册加入一个临终关怀项目的选择,如果他有意的话,还可以请一个牧师过来和他说话。

大约一周之后,萨丽从莱斯特的妹妹玛丽那里听说他感到沮丧,希望萨丽可以再次拜访。"我不完全确定自己该怎么说,该怎么做,"萨丽说,"但是我想:'我只要像一个人对待另一个人那样和莱斯特说话就行了。'"

他们谈起莱斯特对死亡的担忧,莱斯特说:"我就是想到了我妈妈和我祖母。她们都是有福之人,怀抱信仰。而当我回想我度过的一生,就只是……"他沉默了片刻，萨丽没有打扰他。"我多多少少希望，"最终他继续说道，"当我走向那道光的时候，能在隧道的另一头看到一座青草葱葱的小山丘沐浴在阳光下，那里有一杯咖啡和一把吉他。"

"那么我们就帮助你这样去想象。"萨丽说。接着她补充道："据说史蒂夫·乔布斯临终前说过一些非常疯狂的话，给了我希望。他的临终遗言是'哇噢，哇噢，哇噢'，语气里洋溢着惊叹和快乐。"莱斯特睁大了眼睛。"不知道你怎么想，"萨丽补充道，"但我是真的很好奇，想知道史蒂夫·乔布斯经历了什么。"

那一刻莱斯特一下子有了精神，他和萨丽开始聊他挂在床边墙上的木吉他。听说萨丽会弹吉他，他请她为他弹奏了一曲。两人兴致勃勃地讨论了切特·阿特金斯（Chet Atkins）、凯布·莫（Keb Mo）和约翰·普莱恩（John Prine）。尽管身体极度疼痛，但莱斯特还是坐起身来，从萨丽手里接过吉他，大弹特弹起来。萨丽曾经在乐队里待过一段时间，本身也是个相当不错的音乐家，可是莱斯特尽管很痛苦而且服了吗啡，依然比她过去弹得都要好。

"你最喜欢切特·阿特金斯的哪首歌？"萨丽问道。

"《文森特》。"他毫不犹豫地回答。萨丽很感动，因为那首关于文森特·凡·高的歌也是她的最爱。萨丽说："我开始唱这首歌，他和我一起唱了起来。我也不知道为什么会那样做，因为那太不像我了。"

萨丽和莱斯特是截然不同的两个人，他们来自不同的背景，如果没有这些不同寻常的境遇，两人的道路是不会有交集的。萨丽是个受过高等教育的女同性恋者，住在西北部的大都市；而莱斯特一生的大部分时间都在南部乡村同贫困和酗酒做斗争。然而在那一天，他们只是两名音乐家，彼此联系在一起。

临走前，萨丽说："下次来的时候我会建一份歌单。"不必作进一步解释，两人都知道她什么时候会再来，"我会把凯布·莫·切特·阿特金斯和约翰·普莱恩都放进去。"

"也加点儿你喜欢的东西。"莱斯特提议。

"不，那是你的派对。"

然后他想把吉他送给萨丽。

"我不能拿你的吉他。"

"为什么？"他问。

"想一想。我们虽然关系不错，可我们是四十五分钟前才开始谈话的，现在你就想让我带着你最珍惜的财产离开了。"

莱斯特大笑："我想你说得对。"

"不过你的提议对我来说意味着整个世界。谢谢你。"

不久之后，莱斯特的妹妹打来电话说他准备好了。他的止疼药已经不起作用了，他非常痛苦，并且做好了离开的准备。于是，在寒冷的一月，一个下着毛毛雨的早晨，萨丽最后一次来到莱斯特的家。

萨丽陪莱斯特和他的妹妹坐着，一个同事在准备医生给他开的药。服药的动作只允许莱斯特自己来执行。他先服下一些止吐药，止吐药须提前四十五分钟服用，之后才可以服下结束他生命的药。等待期间，萨丽和莱斯特听了她为他准备的歌单，然后他们和玛丽交谈了一会儿——玛丽本人对音乐并不狂热——聊了聊每首歌为什么如此伟大。

"音乐使他变得相当有活力而且放松，"萨丽说，"药准备好以后，我告诉了他，但我也对他说：'莱斯特，你不一定非得吃这药。实际上，所有这些事都不是你非做不可的。'"

可是莱斯特说："让我们把任务完成吧。"他一仰头把那杯酒喝了下去，药沾到嘴唇时他大声咒骂了一番。

"他妹妹坐在旁边的一把椅子上，我坐在另一把椅子上。他让我把音乐声调大。正在播放的是约翰·普莱恩的一首歌：'我们在城市里有间公寓，我和洛丽塔喜欢住在一起。'然后莱斯特拿过他的吉他，随着歌弹奏起来，我开始唱歌。他和我一同唱着，我心里想：'这家伙不会死的，他是那么有生命力。'"

然而他还是停了下来，手搭在吉他的指板上，闭上了双眼。

那一天去莱斯特家之前，萨丽感到很不安宁。多年前她皈依了天主教，但是和教义渐行渐远。她明白参与莱斯特的死亡将永远地改变她。假如教会是对的怎么办？假如她所做的事是错的怎么办？然而，当她坐在莱斯特身边时，她感到那一刻是如此庄严、温柔而美丽。她不觉得自己犯下了不可饶恕的大罪。

"我把手放在他的手上说：'愿上帝保佑你。'然后我离开了。"萨丽说。

后来他的妹妹给萨丽发来短信："那难道不是莱斯特最完美的离开方式吗？我觉得你大概不常遇到多少选择DWD（尊严死）的客户吞药之后还能轻松地站起来，从墙上取下吉他开始弹唱的吧。真是美好的回忆。谢谢你。"

萨丽对这次经历记忆最深刻的部分是她与莱斯特相遇的时候他正在面对恐惧——不是对死亡，而是对死后的世界。"不过现在他知道了。"她说。莱斯特给萨丽后来的工作树立了一个标杆，使她能够自信地对待工作，而不再情感矛盾。对于萨丽，对于他的妹妹玛丽，以及对于莱斯特自己来说，那都是一场美丽的死亡。

你希望如何处理自己的遗体?

斯科特·克莱林(Scott Kreiling)是西方极具影响力的医疗保健专业人士,他本人很谦虚,绝不会自称专家。他还是爱达荷圣十字蓝盾公司的总裁,以及堪比亚健康基金(Cambia Health Foundation)的董事。然而,关于年迈的父母希望最后的年月如何度过、去世之后如何安排等,他意识到自己一无所知。他的父亲崇尚苦修,两人之间的关系时好时坏。所以,当他从博伊西飞往图森询问父母一系列的问题时,他是心怀忐忑的——包括是否采用高级护理,临终目标是什么,希望如何处理自己的遗体。

斯科特的母亲说,她希望把骨灰撒在俄勒冈州的一座休眠火山——胡德山(Mt. Hood),靠近具有历史意义的树带界线小屋(Timberline Lodge)。然而接下来的对话改变了方向,他发现一幅之前从未意识到的图景清晰地呈现在眼前。斯科特看见母亲表现出一些明显的早发性阿尔茨海默病的迹象,这给父亲带来了极大的负担。情况急剧转变,斯科特迅速认定母亲需要全天候的护理措施,甚至父亲在日常生活里也需要一些帮助。然后他询问父母,是否愿意搬去博伊西。不到一个月,他们就打包收拾好行李,准备跨越西部大平原了。最初的一年半里,他的父母先是在一个护理机构住了一年半,那里有护理人员提供帮助,生活相对自主。然后分别住进了两家养老院。他们一周见几次面,也有充裕的时间和孩子们相处。

随着母亲的健康状况进一步恶化,斯科特再一次和爸爸重新提起她的临终愿望。由于把太多的注意力放在母亲身上,斯科特意识到他仍然不了解父亲有何想法。他知道父亲希望被火化,但不知道他希望怎样处理骨灰。于是，当他们在红罗宾餐馆吃着汉堡喝着啤酒时，他开口询问。

"这是个好问题，"斯科特的父亲说，"我还没真正考虑过。我猜你是想就坐在这儿把答案想出来吧……我有哪些选择？"

两年前，斯科特是绝不会和父亲进行这种对话。他们对普通的事情都没法好好地聊天，更别提死亡和遗产了。

"你有很多选择，"斯科特说，"你是个飞行员、划船好手、高尔夫球员……"

一阵长久的停顿之后，斯科特的父亲轻声问道："能在博伊西山丘上把骨灰从飞机里撒出来吗？"

"我们可以做到。"斯科特回答。

那次对话以后，斯科特的爸爸时常提醒他飞机和骨灰的事，仿佛是要确保他的愿望切实得到尊重。

一月里的一天，斯科特收到一条短信，说妈妈情况危险，她已经戴上了氧气面罩。他停下手头的一切工作冲到她的床边。"虽然阿尔茨海默病已经很严重了，但是她知道我是谁。我为她放音乐，给她讲故事，拿出照片给她看。我对她祈祷，告诉她我们都爱她，如果想离开，她可以离开。她转头看向我，捏捏我的手，笑了，然后停止了呼吸。"三天后，斯科特从来没有心脏问题的父亲突发心脏病，几分钟后就去世了。今年夏天，斯科特和他的姐姐会聚在一起，缅怀父亲，并实现了他的遗愿。

和父母的这些经历改变了斯科特对待临终问题的看法。他成为地球上最高产的领袖之一，聚集爱达荷州最有影响力的几十位 CEO 参加死亡晚餐，举行旨在改变博伊西以及美国各地医疗护理模式的峰会，同时还是堪比亚（华盛顿州、爱达荷州、犹他州和俄勒冈州最大的保险提供商）的领导者，是积极推动进行临终对话的先锋人物。

我从斯科特的故事里得到的收获是，即便是健康护理专业人士或许也没有向最亲近的人问过相关问题。斯科特借助他的勇气，以及一套简单的问题，判断出他母亲的情况，询问双亲是否愿意搬到离他和孙子孙女更近的地方，并且为父母双方都提供了适当的照护，减轻了他们的痛苦，改善了与父亲的关系，并明确了解了父亲的愿望，从而得以在父亲死后对他进行有意义的纪念。

我想象，假如斯科特没有做那些工作，双亲去世一定会让他的内心隐隐作痛。毫无疑问，接连失去父母一定给他带来了巨大的痛苦，需要疏导，但是很明显这悲伤不单单是一面痛苦之壁，这悲伤中还有意义存在。如果我们不知道该如何纪念所爱之人，那么当遭遇无法估量的损失时，我们会感到巨大的困惑，治愈的过程往往也被拉长。如果我们有明确的仪式来纪念他们的遗产，如果我们了解他们的愿望，我们就承担了一个强有力的角色。

*＊＊

印度接近80%的人口，也就是超过10亿人（世界人口的七分之一）是印度教徒。所以印度的丧葬仪式并不是一个小众话题，而是一件大事，影响到全球很大一部分的人口。把海外人口也纳入考虑范围的话，那影响力就更大了，因为印度移民组成了美国第二大的第一代移民社群。

和所有数据一样，这些数据如同细细的丝线，连接着真实的人心。接到父亲病重的电话时，阿尔帕·阿加瓦尔（Alpa Agarwal）正坐在位于华盛顿州雷德蒙德市微软总部的办公室里。不到48小时，她已经赶回了印度孟买，坐在父亲床边。父亲的意识时有时无。一生酗酒使得他好几个器官都开始衰竭。当他去世的时候阿尔帕陪在他的身边。

印度教的葬礼上，最后的仪式禁止由女性执行。对此，宗教经书《吠陀经》有清晰明确的记载。仪式由长子负责，如果家里没有男丁，则由男性亲属或叔伯来执行。整个仪式里没有女儿参与的空间。女性甚至被明令禁止踏上仪式的举行地——火葬石阶。

阿尔帕决定自己来执行父亲的最终仪式。如果她的哥哥当时也在孟买，他一定会加入进来和她一同完成仪式。她爸爸这边的家族相对传统，试图阻止她，而她妈妈那边的亲戚相对现代，给予她鼓励和帮助。阿尔帕还记得自己看着已逝父亲的面容，问他有什么愿望。从阿尔帕小的时候起，父亲就被传统和现代夹在当中，但是在她内心的深处，她知道父亲会希望由她来执行他最后的仪式。阿尔帕不得不在祭司面前俯伏膜拜多次，对他阿谀奉承，以此来获得履行这些传统家长职责的许可。交涉持续了好几个小时，期间遗体已经准备妥当。不过，努力还是值得的。阿尔帕在长达十二小时的仪式里有机会充分地悼念她的父亲，眼泪流满她的脸颊。

仪式是一门强大却并不完美的科学。纵观人类历史，仪式和死亡一直彼此交融。在涉及如何对待死去亲友的身体的问题上，仪式的作用最为清楚。因此我们在考虑自己愿望的同时，意识到我们与千百年来的传统相连也是同等重要的。

在《神话的力量》（*The Power of Myth*）一书中，约瑟夫·坎贝尔（Joseph Campbell）写道："仪式是神话的实际表现。参加一场仪式，就好像参与了一个神话。而神话是对生命智慧的投射。因此，通过参加仪式，参与神话，你得以和原本就属于你的智慧融合，提醒你注意到自身生命所包含的智慧。"

一些人可能会觉得坎贝尔的此番观点距离自己太遥远，不过，阿尔帕知道她该怎样应对父亲的死亡。而有时候扪心自问我们需要什么，也需要极大的勇气。

***

或许你还记得将人类遗骸转化为肥料的公司 Recompose（重组）。它的创始人卡特里娜·斯佩德曾经听过很多人讲述埋葬挚爱之人时遇到的可怕或困惑的经历。"我经常听人说：'我到了殡仪馆，希望一切从简，但是他们让我感觉自己好像对不起母亲一样，因为我不打算买棺材，'"卡特里娜说，"还有一个人告诉我说他不让姐姐的遗体接受防腐处理，因为这是法律的规定。我知道法律并没有这样的规定，但我不想对他说他被骗了，他被敲诈了。"

我无意中伤殡葬行业，卡特里娜也一样。从事殡葬业的人大多富有同情心，对待客户正直公平。但不得不说，殡葬业现在确实遇到了麻烦。大多数殡仪馆都同时提供火化和防腐/土葬两种选择，但近年来火化的比例急剧上升，预计到 2023 年将达到 70%。由于火化带来的收益仅有土葬的四分之一，这道数学题并不难做。除此之外，严格的监管也使殡葬业无法灵活顺应需求（譬如殡仪馆不是随时都能提供绿色土葬的选项），而且还面临经济压力。经济压力则意味着销售压力。

所以不论你是在为自己的死亡做计划，还是在处理别人的后事，去之前先做好消费者的功课很重要。而且，现在你也不再只有两个选择了。火化和殡仪馆土葬依然是美国最常见的手段，不过世界各地的人已经开始重新构想别的可能性，回忆过去的做法，尽力做出与自己的核心价值观相符的选择了。

其中一个选项是绿色殡葬。布莱恩·弗劳尔斯（Brain Flowers）是

The Meadow（草地）公司的总经理，经营着华盛顿州北部的一片自然墓地。像 The Meadow 这样的绿色墓地的基本观念是让身体回归地球，成为滋养其他生命的养料。遗体使土壤肥沃，树木等植物从中生长起来。布莱恩认为随着火化的流行，我们丢失了死亡的仪式。他指出，几千年来我们祖先的做法是相聚一起把逝者抬往安息之地。抬起身体这个动作就具有意义。人们会翻松土壤给逝者以舒适。他认为如果失去了身体，这些实际的悼念方式也不复存在了。此外，送葬的过程也具有疗愈效果。他生动地回忆起以前参加的一次葬礼，家人请来一位佛教人士，他每走三步就触地鸣钟一次。钟声提醒随行者活在当下。"我们的祖先把多达 70% 的时间花在了仪式上，"他说，"仪式很重要。"

马库斯·达利（Marcus Daly）是个棺材制作工。他的第一口棺材是做给自己的孩子的，妻子当时遭遇流产。在一部很有影响力的视频里，他讲述了亲手抚摸木材、加工木料和反复打磨是如何给他带来亲近感的。但是，如同生命本身，你永远不会感觉做到了完美。"本笃会的修士说：劳动吧！祈祷吧！我猜对我来说二者是合为一体的。"他说。和布莱恩·弗劳尔斯一样，他认为哀悼的遗体中有着重大的意义。"我认为棺材最重要的特点就是可以抬起来。我们注定要互相背负。我认为抬起你爱的人送他上路对我们来说非常重要。处理死亡事宜的时候我们希望在其中承担某个角色，肩负应尽的责任。所以，如果过程太便捷，我们等于被剥夺了一次使自己变得更加坚强，从而能够继续前行的机会。"

同样，卡特里娜也看到了仪式在殡葬服务中的重要性——包括有形的意义和象征的意义。她的公司 Recompose 不仅仅计划提供一种新式的遗体处理方法，还致力于为悼念者创造延伸的体验。当某人去世之后，家人可以在受过特殊训练的工作人员的帮助下参与遗体处理和准备过程,为遗体灌洗、更衣。更衣完毕后,遗体将被置入一个独立的"容器"内,里面放有木片或木屑等富碳物质。经过微生物活动的自然过程,遗体会快速分解,仅仅三十天就会成为土壤。随后,家人可自由取用土壤来给花园施肥,或者种一棵纪念树,从而再度参与仪式。

我知道,你们有的人现在已经彻底被恶心到了。但是,正如卡特里娜所说:"如果这让你作呕,那么现代的防腐处理法,还要恶心得多。"卡特里娜从小在新罕布什尔州的乡下长大,一直和"自然循环"紧紧联系在一起,对她而言,将遗体分解是完全合理的做法,并且符合她的环境价值观。

接下来,还有无限寿衣(Infinity Burial Suit)。这是由两名设计师开发出来的寿衣,上层嵌入菌丝和蘑菇孢子。蘑菇有着不可思议的吸收毒素的能力。穿着这样一套蘑菇寿衣安息,能防止你身体里的铅和农药残留进入大地的循环系统。你可能好奇究竟谁会选择这种方式,选择被蘑菇消耗掉。然而,前来登记的人数之多让创始人李洁琳(Jae Rhim Lee,音译)大为惊讶。她的公司 Coeio 已经成功推出永恒位置(Forever Spot),一款用于宠物的蘑菇寿衣,主人可以把宠物用蘑菇和其他有机物混合织成的寿衣包裹起来,然后亲自埋葬宠物。

生物骨灰瓮(Bios Urns)可以在你去世之后,用你的骨灰种一棵树。只要支付几千美元,位于瑞士库尔的一家公司 Algordanza(意为"回忆与纪念")就可以对你的骨灰施以数千磅的高压,把骨灰做成一枚钻石,这是一种非常耀眼的不朽之法。火化解决方案(Cremation Solutions)能把你的骨灰储存在定制的可动人偶之中——你可以加一顶帽子或者要求把人偶打扮成猫女。

如果这些内容使你对自己的环保主义信念感到质疑,或者觉得听起来像是会出现在漫画展摊位上的东西也没有关系。传统土葬和火葬目前依然是人们在处理遗体时最常见的选择。而且，各人有各人的纪念方式。凯西·马克斯韦尔和兄弟姐妹聚到一起，每人分了一些母亲火化之后的骨灰。"她去世一年之后，我从我分到的那份骨灰里拿出了一些，埋到了艾奥瓦州，临近她的母亲和祖母下葬的地方。然后我意识到当我大限到来的时候，我也希望自己的一部分骨灰被埋在那里，于是我给自己做了块墓石。"

"我姐姐把她的那份带去了卵石滩，"凯西继续说道，"我哥哥查理把她的骨灰存放在自己的办公室，另一个哥哥把她放在自己的卧室里。我把其中一些撒在印度，一些撒在科罗拉多州的度假胜地——她高中时期曾在那里打工，还有一些埋在我家院子里的柠檬树下。她几乎可以说无处不在了，我觉得仿佛就应该这样。"

不论火化还是土葬、自然埋葬还是选择殡仪馆、蘑菇寿衣还是柠檬树，我们的工作都是检视你最重视什么，以及你爱的人最重视什么。我们需要多种多样的信息和选择，这样才能反思自我，明确自己的愿望。我绝不希望到了最后一刻还拿不定主意。

※ ※ ※

卡桑德拉·扬德（Cassandra Yonder）生活在加拿大新斯科舍省布雷顿角一座自给自足的农庄里。她每天不是在成捆成捆地叉干草、给山羊挤奶，就是在孩子们身边宰鸡切肉。身为兽医的女儿，这样的世界对她来说十分自然舒适。动物分娩的时候她会在场，动物生病了她帮助它们恢复健康。此外，她觉得她也是个一生都能和悲痛相处自如的人。这是因为在母亲怀上她的时候，外婆去世了。"我相信我的子宫是悲伤之地。我妈妈对于她妈妈抱有健康的悲伤，而那悲伤也成了我的一部分。"卡桑德拉对这个主题日益感兴趣,长大以后她取得了社会学、老年病学和建筑学的学位,开始研习悲伤和丧亲之痛。

或许正因如此,让她能够把亲爱的邻居杰里米的身后事料理得妥妥当当。杰里米是一个农民、诗人以及社群活动家。人们问他的妻子苏,杰里米想要怎样的葬礼,苏毫不犹豫地说,他希望被埋在家里,埋在自己的土地里。只要是家人和朋友做得到的事,他就不会额外雇人。

这件事促使卡桑德拉彻底研究了"家庭葬礼"的模式。她在杰里米家的餐桌前打电话给验尸官、市政机构、本地丧葬提供商和法医。询问他们杰里米的想法哪些可行,要怎样才能做到这件事。如果有朋友主动帮忙,卡桑德拉就给他们指派任务。一些人在自家的木工房里给杰里米打了一副棺材,而另一些人开车从法医那里把杰里米已经完成解剖的遗体带回了他的家。老农场的卡车充当了灵车。人们在杰里米的农舍里守了一夜的丧。第二天,在教堂里,人们举行了仪式,一辆拖拉机带领送葬的人群穿过雪地回到杰里米的土地,最后来到苏为他选定的墓地位置——就在杰里米的马"威士忌"被埋葬地点的附近。大家轮流朝墓穴铲土,然后把威士忌酒挨个儿传递。

卡桑德拉说,那是一次很美的经历,也很重要——从在杰里米家厨房打电话开始,再到往墓穴中盖土为止,每一步都是悼念过程中至关重要的环节,这不仅仅是加强了社区的建设,最重要的是赋权于社区。这次葬礼最终促使卡桑德拉针对加拿大的社区丧葬开办了一所线上学校。在卡桑德拉看来,社区丧葬以及与之相随的——避免对逝者进行不必要的医学或工业化干预,全部意义就在于亲手照料逝去或垂死的亲友。

"我看见这场运动和慢食运动之间有着强烈的并行关系,"卡桑德拉说,"慢食运动之所以出现,是因为如今人们去超市,看见切好的肉块包在玻璃纸里,心里深感不安。他们的孩子不明白蛋从哪里来,也不理解猪肉出自猪身上。虽然不清楚到底是什么让人心烦，但总之食物来到人手里的方式不太对。人们站在杂货店里，意识到这是一种异化感。应对异化的方法便是重新寻回那些联系。人们希望至少要了解自己的食物是怎么加工的。而回归本源的终极方法就是在自家后院种植自己的食物。"

卡桑德拉相信，在生命终结、遗体照料，以及悼念方面也有与之类似的现象。她看到人们对于医疗保健系统和丧葬行业心怀愤怒。"这个领域同样被异化了，"她说，"人们看到葬礼师或安宁护理团队在工作，心想：'我应该更多地参与，但我不知道该怎么办。'"所以卡桑德拉积极倡导让死亡和丧葬过程回归个人。"我们需要消除认为死亡必须经历某些程序的谬见，创造机会让人们和死亡再度相连。"

指导家庭以非医学方法完成丧葬程序的服务，在美国和加拿大日渐盛行。很多从业者自称"死亡助产士"或"死亡陪护师"。卡桑德拉的线上课程却有些不同，她提供"遗体护理方法""葬礼主持技巧及丧葬仪式"之类的课程。虽然她给其他人提供指导，但她并不上门领着逝者的家人完成整个过程。

"今年夏天一个女人给我打电话，以为我是做这个工作的。"卡桑德拉说。那位女士的父亲过世，她想雇卡桑德拉过来帮助她为父亲清洗身体，带她走完整个葬礼流程。

"我从来不会拒绝，"卡桑德拉说，"但我对她说：'也许你自己也做得到。'因为这位女士是个护士，比我更有能力。我们用了五天的时间，每天都通话，最后我没有受邀参加葬礼，我认为那是我最大的荣幸。"这个父亲的葬礼在他的谷仓举行，遗体埋葬在自家的土地上。"她从我这里得到了她需要的东西，"卡桑德拉说，"她意识到这是她自己的故事。"

哪些死亡我们永远不应该谈论？

　　一些人活得长久，他们的人生值得庆祝。可是一些人的生命旅程才刚刚开始就即将结束，有什么值得庆祝的呢？和健康状况明显衰退的十八岁年轻人讨论死亡已经十分艰难，而面对身患绝症的八岁孩子，这个话题就像一片禁区。我们无言以对。音乐剧《汉密尔顿》(Hamilton)抓住了这一点，它的台词这样唱道："你紧紧抱住你的孩子，把无法想象的苦难拒之门外。"儿童死亡是我们不能也不希望面对的最后的疆域。我们有强烈的本能要把它掩藏起来，因为它实在是太过痛苦了。但是我们也必须考虑，如果我们直视儿童的死亡，是否能使创伤愈合。我认为死亡领域的先驱斯蒂芬·莱文（Stephen Levine）给出了最好的诠释："当你用恐惧触碰他人的痛苦，将带来怜悯；当你用爱触碰他人的痛苦，将带来慈悲。"

　　丽奈特·约翰逊为病重的孩子们拍摄照片，这些孩子大多即将死去。她和团队会满怀爱意地为每个家庭手工制作一本影集。和普通的纪念品不一样，它饱含着超凡的手艺和独特的美感，是一个礼物、一段纪念、一份重要的情感记录。许多年来经常有其他摄影师对她说："我不知道你是怎么做的。我做不到。"她回答说："你在说些什么呢？你可以做正确的事。只要它摆在你面前，你当然做得到。"起先，她独自摄影，后来她又创立了非营利组织专门致力于这项工作。他们不仅给患病的儿童拍照，还为患有绝症的成年人拍摄与他们孩子的合影。如今，仅在西雅图就有六十名摄影师和她一起工作。丽奈特鼓励志愿者们去发现并记录下这份不可思议。

　　丽奈特并不是主动找到这片细分市场的，她只是在工作来到面前的时候接受了它。二十多年前,她嫂子的孩子在分娩前夕死在子宫中,胎儿已经发育成型。令人震惊的是医院把还大着肚子的嫂子送回了家,安排第二天进行分娩。丽奈特的嫂子镇定得出乎意料,她让丽奈特给婴儿带些衣物过来,方便孩子出生以后送去火化,也请丽奈特为婴儿拍些照片。

分娩结束之后丽奈特立刻进入产房,拿出漂亮的小裙子和童帽,那是她自己婴儿时期穿过的衣服。产房护士冷酷无情——没有其他更适合的形容词了。她拒绝帮婴儿清洗身体,穿上衣服。她怨声载道,说婴儿脆弱的皮肤增加了难度。护士絮絮叨叨,她的态度十分明确:你们把这个仪式弄得太隆重了。当时,孩子的父亲不在产房里,丽奈特则被惊呆了。然而,刚刚分娩完的母亲开口了。"闭嘴!"她喊道,"你说的是我的孩子!"丽奈特拍了几张照片,但是受当时场面的惊吓,她没有再多拍一些。

五年之后,丽奈特受雇去拍摄一场婚礼,她和新婚夫妇提前碰面,了解了一些他们的情况。新娘在西雅图儿童医院工作,照顾重病的孩子。婚礼计划到一半,丽奈特主动提出:"我能为你工作中遇到的那些家庭拍照,拍他们的孩子。"话说出口,她才意识到其中的严肃性。这个她凭直觉提出的想法,新娘觉得美好极了。丽奈特叹了口气,意识到既然自己能为嫂子拍照,也能给其他任何人拍。

这些照片给家庭带来的礼物是难以量化的。然而丽奈特说,拍摄婴儿的时候,她感觉就像行走在一片圣地上,虽然她没有宗教信仰。家人通常会在决定取下婴儿的生命维持系统时打电话给她。等到胶带、管子、电线,以及医学干预的种种标识都被移走之后,父母往往才第一次可以不受妨碍地端详自己孩子的脸庞。丽奈特会在现场记录下一切,从孩子第一次自主呼吸到他们最后一次呼吸。

一些人可能会想，你为什么希望把生命中最糟糕的时刻用照片记录下来呢？不过，客户十分珍视丽奈特提供的服务，从她收到的感谢信里，我们就能看出拍摄是多么有帮助。一对父母写道："我们很难说清你给默瑟和全家人拍的这些照片对我们家究竟有多重要。它让我们能够继续前行，永不忘记。"另一对父母写道："今天，是我女儿离开我们的第三年，她和癌症顽强斗争过。我衷心感激你们所有人，尤其感谢你们准备了如此惊喜的礼物，让我们可以永远保存。"还有一对父母写道："《我们的照片》完美地展现了我那漂亮、坚强、自然而不完美的完美小女孩……去年对于我们家来说非常艰难，但是你记录下了我们家庭的爱和力量。"许多父母再次找到丽奈特，主动投入时间做志愿者或者为她的组织捐钱。他们对她讲述自己的故事。一对父母说，每天晚上入睡之前他们都要看看丽奈特拍的照片。他们把装照片的盒子放在床下触手可及的地方，假如半夜发生火灾，他们要确保能立即拿到盒子。

丧子之痛过于强烈，以至于人们总是有冲动想把目光移开。但是如果你不回避，如果你直面现实，那么即便无法消除痛苦，你也可以见证痛苦。这是了不起的壮举。

许多人说他们尽量不在悲伤的父母面前提死去的孩子。"我不想提起他们的伤心事。"他们说。可是父母其实一直在思考这件事，我们如果转身走开，便把他们孤独地留在悲伤之中了。

***

或许你还记得格雷格·伦德格伦，用铸造玻璃和石头制作美丽的墓碑和墓石的艺术家，他发现最常来委托他制作墓碑的就是失去孩子的父母。"我见过人们最脆弱时的样子,"他说,"我见过想自杀的母亲,她对我说:'如果我没能完成这个项目,请告诉我妹妹。'但我也见识过一个人可以有多么坚强。我见过有人埋葬了丈夫,又坠入爱河,再度结婚。我见过有人尝试自杀,又重新找回欢笑。这是对人类精神之坚韧的铭记,对人类恢复能力的见证。"格雷格还时不时地与这些家庭相见,在很长一段时间里和他们保持联系。"我不会每时每刻都看到他们的悲伤,但是偶尔有那么几次,我会在一些片段中看到悲伤。我见证过许多人从悲痛之中恢复过来,虽然不算完全,也不算彻底,但我看到了他们的恢复力,我也因此变得更加坚强了。"

我完全明白格雷格的意思,而我之所以理解他,是因为我认识黛安娜·格雷(Dianne Gray)。

黛安娜现在是伊丽莎白·库布勒-罗斯基金会主席。不过在她走上这条道路之前,她在另一个领域工作。黛安娜的儿子奥斯汀在四岁时被诊断出一种罕见的神经变性疾病,名为脑组织铁沉积性神经变性(NBIA)。她得知他会逐渐失明,无法走路,可能活不过两年。疾病发展得十分迅速,星期四他还能颤颤巍巍地行走,可到了星期五他就只能坐在轮椅上了。不出几个月,他的一条手臂已经难以动弹,接着他就无法把叉子放进嘴里了。

黛安娜每周会带他到巴诺书店(Barnes & Noble)参加"约会之夜"。有一次,一本书从书架上跃入她的眼帘:《论儿童与死亡》(On Children and Death)作者是伊丽莎白·库布勒-罗斯。黛安娜记得大学时学过伊丽莎白的理论,现在,这个主题比她想象中要现实得多。这本书改变了黛安娜的一生,它带给她听从内心声音的勇气:"伊丽莎白允许我陪伴奥斯汀一起生活。她允许我去做内心真正希望的事,那就是把家具拖开,打开音乐,抱着我的孩子跳舞。"

她说,每个人都告诉她应该带孩子看遍所有医院,战斗、战斗、战斗。但是黛安娜明白,她需要的不只这些。"伊丽莎白让我心里燃起一股强烈的愿望,我想反抗生活的过度医疗化。"

黛安娜将反抗贯彻在和奥斯汀一起的生活中。在奥斯汀大约七岁时,黛安娜带着他和学龄前的女儿一起去爬山。她推着奥斯汀的轮椅,将女儿放在底座上,在崎岖的自然小径上前行,其他登山者都像看疯子一样地看着她。他们成功登上了广受当地人喜爱的瀑布顶端,瀑布仿佛是条水滑道。在那里,他们看着青少年们欢快地顺着瀑布滑下来。黛安娜突然想起自己还是个孩子时也滑过瀑布,想到奥斯汀再也没机会这样做了。"那样的时刻是我们所有人都不会忘记的,"黛安娜说,"所以我想了个办法。"她告诉女儿待在瀑布的一边,让一个朋友照看她。然后她从轮椅里抱起奥斯汀,把他抱到瀑布顶部,从一边朝另一边走过去,中途她停了下来,把他的脚趾在水里沾了沾。"噢!真冷!我们要从瀑布里穿过去啦!"她说完就把他安全地放了下来。接着,她回去带女儿也这样玩了一遍。"这就是养育孩子的意义所在,"黛安娜说,"我们为孩子们制造魔法时刻。"

奥斯汀卧床三年后,黛安娜想让他再体验一次游泳的感觉,感受失重。一个大热天里,黛安娜向当值的护士建议给奥斯汀换上额外的氧气管(氧气能让奥斯汀舒服些,帮助他更顺畅地呼吸),方便他去外面的游泳池。护士吓坏了。"她告诉我:'不行,你这样会杀了他的。'"

当时黛安娜听从了护士,没有做任何事。"但是我能听见伊丽莎白对我耳语:别不负责任,要活在当下。于是我又仔细考虑了一遍。氧气管会进水吗?管子会不会破损?然后我意识到应该没有问题。我想让儿子活在当下,我想把生活尽可能地打包给他。所以第二个护士来值班的时候我又向她提议。我问:'我们这样做可行吗?'她说:'就这么办!'"

两人先是玩了一会儿《百战天龙》(Mac Gyver)的游戏,然后黛安娜抱着奥斯汀下楼来到泳池边。黛安娜说,虽然他不能说话,"但你能听见他发出'啊'的声音,因为他浮在水上,因为他自由自在。我给了他一份礼物。"

奥斯汀从确诊到去世,差不多活了九年,这些年来黛安娜一直祈祷一件事。不是祈祷他活下来,因为她知道这不可能,得了这个病的奥斯汀是做不到的。但是她希望他能自己离开——她不想成为负责停掉他的营养和水分的那个人。

然而这样的事还是发生了。一天,护士为奥斯汀翻身的时候把他伤着了。他无法说话,但是不断地尖叫、哭泣。他们找不到疼痛的源头。黛安娜给这个领域的顶级研究员打去电话:"我该怎么办?"但谁也没有答案,疼痛一直持续。

黛安娜通过她的教会打电话给一位伦理顾问寻求指导,因为当时为奥斯汀提供护理服务的关怀中心未设有伦理委员会。她不希望朋友们或任何支持她的人参与进来——她希望只由自己来承受煎熬。教会召集起委员会成员、工作人员,以及黛安娜认识的几个人开了一次研讨会。那天结束时,最终的讨论结果是,无论她做出什么决定,他们都会支持她。"我明白这份责任由我承担,无论我做什么,我都将带着我的决定生活下去。"

"我们做了之后,"黛安娜指的是撤去给养,"我感到巨大的愧疚和羞耻。奥斯汀去世以后,我第一次去教会时,我沿着过道往前走,听见一个人说:'结束了。'我又向前走了二十几步,听见另一个人轻声说:'你听说了吗?她杀了自己的儿子。'"

"然后我往前走,领了圣餐,跪了下来。我相信永远不会有人理解站在我的立场是什么感受。这件事是我和上帝之间的事,我将不得不承担责任。"

那之后,黛安娜和女儿离开家,花了一段时间去周游世界,重新体会了回到人群中、在餐厅吃饭、坐飞机是什么感觉。多年以来,黛安娜的世界一直在两个空间里往返:外面的大自然和奥斯汀住的14平方米的房间。

悲伤之中,黛安娜再次看了伊丽莎白的文字。"9·11"事件后,伊丽莎白接受了《时代》杂志的采访,记者提了个问题,大意是:"这难道不是有史以来最大的悲剧吗?"然后伊丽莎白说:"你读过大屠杀的书吗?你读过第二次世界大战的书吗?'9·11'诚然是个悲剧——我没有不敬的意思——但不是最大的悲剧,不是的。"黛安娜感同身受。"你必须走出自我,"她说,"外面的世界还有过大屠杀。我是个失去孩子的人。虽然他是我全部的世界,但他只是一个孩子。"

旅行归来的黛安娜在一家杂货店的停车场偶遇一个老熟人,对方问她是否准备重拾作家的工作。这个熟人知道一个出版社有一份临终关怀方向的工作。黛安娜接受了那份工作。某天,一张来自伊丽莎白·库布勒-罗斯基金会的名片出现在她的桌上,她至今也不知道名片是怎么来的。但她给对方打了电话,询问有没有值得采写的内容。之后经过一系列奇特的联系,她最终帮助基金会出版了《与伊丽莎白一起喝杯茶》(*Tea with Elisabeth*)。后来她受邀加入董事会,进一步加深了与基金会的联系。五年之后,她被推举为基金会主席,为伊丽莎白发言。

"伊丽莎白教我认识到死亡是生命的一部分,但不是生命的全部。奥斯汀的爱依旧存在。他依然是我的儿子,这一事实每一天都会向我清楚地显现。昨天我和约会对象进行了一次对话。我说:'我有一个儿子，但他现在不在这里。但是请你仍然把我作为一个孩子的母亲来对待，即便我的儿子肉体上并不在这里。他的自我仍然存在，他的精神仍然存在。"

在"儿童死亡"这个话题上，你在黑暗中看不到一丝生机。不过有两点值得我们学习：一是失去孩子的父母其实希望得到他人的见证；第二点要回到格雷格·伦德格伦的观察，即人类是非常坚强的，我们的内心里都有一个勇士。

"我认为我们的恢复能力超出我们自己的想象，"黛安娜说，"我们能够生存下来。我没有因痛苦而死，也没有遭遇折磨而亡。大脑要求肺呼吸，你就会呼吸。虽然现实很可怕，可是无论如何你都要继续活下去，那么你会选择怎样活呢？"

***

除了儿童死亡，另一个最难以谈论的话题无疑就是自杀了，大多数情况下，人们也确实都对此闭口不谈。

卡伦·怀亚特是一名临终关怀医师，你在第一章里见过她。她的父亲自杀后，朋友们谁也不知道该怎么说、怎么做，卡伦也手足无措，把自己封闭在失去父亲的痛苦之中。"我担心会有不认识我爸爸的人对他说三道四，我忍受不了他遭人议论给我带来的痛苦。我担心有宗教信仰的人会说：'显然他将下地狱。'出于这些担心，我选择不与人接触。于是我在壳中待了很长很长一段时间，没有人可以说话，也没有人可以帮我。那真是痛苦极了。"

不过，卡伦是个作家，她用写作来疏导自己的情绪，治疗悲痛。即便如此，她也是十年之后才能直接地书写她爸爸的自杀，后来她还把这些故事用音频记录了下来。又过了十年她才把录音拿出来和妈妈分享。

"我妈妈说：'我既不想谈，也不想听。'"卡伦说。那时其实距离卡伦父亲去世已经过去二十年了。但是第二天她的妈妈却说："我想听听看。给我放一个故事吧。"于是卡伦播了一个她讲述去给爸爸扫墓的故事。"我们哭了，那天剩下的时间和整个晚上我们都在谈论这件事，谈论他的死亡。"二十年来，卡伦一直以为妈妈和哥哥把父亲的死归咎于她，因为她是一个医生，曾经职业地处理过自杀意图的问题。"我妈妈说：'我以为你和你哥哥在心里会责怪我。'我哥哥则说：'我以为你和妈妈会怪罪我，因为我一直和他一起工作，是他死前见到的最后一个人。'"

卡伦简明扼要地总结了自杀为什么会带来沉默："那就是自杀留下的致命后遗症——让我们全都背负愧疚。自杀是另一种类型的悲痛，因为它深深地和愧疚联系在一起。"这令人心碎。

很不幸，我们不谈论自杀，也不谈论最初是什么创伤导致了自杀。关于这一点，最明显的例子来自军队——美国退伍军人事务部报告称，2016年，每天有超过二十个退伍军人自杀。研究显示在PTSD（创伤后应激障碍）、自杀行为和自杀意图之间存在明确的相关性。而针对PTSD，有效的疏导方式就是谈论创伤。

心理学家乔·鲁塞克（Joe Ruzek）和老兵一起工作了二十年，专门致力于理解和治愈PTSD。他解释了PTSD在退伍人群中高发的原因：自身暴露在死亡的风险中，目睹其他人受到伤害，幸存者内疚感，长期的压力——这些原因都不出人意料。我们的士兵们——还包括在战争地区待过的任何人——与死亡进行了亲密接触，而当他们回到家乡，却被要求把自己洗刷干净，和关于死亡的话题保持距离。但这不是正确的做法。

乔说："在晚餐时进行关于死亡的对话，这很有意思。治疗PTSD最有效的手段大多包括某一类型的开诚布公的谈话。这些谈话大部分属于针对创伤的心理疗法，鼓励人们详细讲述他们在战争地区的经历，同时允许他们体会内心的情绪和感受。所以我们认为，在情感上回避痛苦的记忆，对悲伤闭口不谈，是导致压力长期存在进而引发慢性PTSD的部分原因。在心理治疗过程中，治疗师会引导人们表达、讲述过去发生的事。通过讲述，他们变得不那么害怕自己的情绪反应，增强了痊愈的信心，对于曾经的负面观点也有了全新的认识。"

生活中一定有一些需要沉默的时刻。譬如卡伦没有立即准备好谈论她爸爸的死亡，这是可以理解的——人们需要寻找自己的节奏。然而，同时我也认为，死亡或创伤越是恐怖和难以讲述，我们越是需要主动倾听。当作家和演讲家梅根·迪瓦恩（Megan Devine）谈到悲伤时，她说你所能做的最重要的事，就是"成为那个承受得住细节的人"。

如果生命可以延长，你希望再活多少年？
二十年，五十年，一百年，还是永远？

  你希望将生命延长多少年？和其他提示问题一样，这个问题也没有标准答案。不过它引发了一些严肃的辩论和探讨。以下是我最喜欢的一些回答：

  "我想延长二十年。感觉如果超过五十年的话身体的一些部分就会生锈了。这额外的二十年应该足够完成遗愿清单上的一部分心愿了。"

  "我个人不认为我的幸福快乐源于有限的生命，也不认为它源于无限（其他认为如此的人不必觉得可耻）。所以，我很乐意再用几个世纪的时间来深入探索，我也希望自己某一天能够完满而终。"

  "要足够长寿才能和未来的孙辈建立起有意义的联系。考虑到生活品质问题，那么大概再活二十年吧。"

  "我已经怀疑我会活过一百岁了，我并不想这样。我觉得比所有人都活得长会很寂寞。"

  "最简单的答案是，只要还能动，我就渴望活下去。"

  "我想活到有一天我抱不动孙子、记不得我孩子们的名字、不能自己开车也不能自主进食、没人帮助就无法行走，并且失去了最后一个好朋友为止。我见识过成为最后一个人会有多寂寞。如果是五十年，那么很不错。但……另一方面我也不确定自己是否愿意活在一个气候变化异常的世界里。我太渴望回到拥有自然之美的日子了，那时的世界是在邀请我们生活。"

  接下来，还有尹俊（Joon Yun，音译），他不打算也不渴望永生，但希望生命可以延长，希望看见衰老得到"治愈"。很长一段时间里，尹俊的兴趣主要在学术领域,他好奇衰老的过程是否可以修改。对于这个问题,科学的回答一直确凿无疑:不能。但是尹俊逐渐认识到这个命题从任何一面都无法确证。"你不能证明衰老是个可选择的特性,也无法证伪。"他说。他所说的"可选择"指的是能够被识别出来,进而在理论上可以修改。"所以,"他认定,"我打算假设它可以选择,因为如果确实如此,就有了极大的潜能。"他从一名医生改行为对冲基金经理,又成为帕罗奥图长生奖(Palo Alto Longevity Prize)的创始人。这个奖项旨在鼓励对抗衰老的努力——至少从表面看是如此。

后来,尹俊的岳父去世,他对衰老的兴趣从生物学角度跨界到了心脏的领域。岳父生前和尹俊的关系非常亲密,尹俊说:"他在我心里留下的空洞远远超出了我的预想。"他的岳父死于一次与衰老相关的心脏事件。

尹俊从演化生物学的角度思考了因岳父过世而失去的亲密关系。他指出,我们在演化上不具备体验这种失落的"设定";我们被"设定"为生活在亲密的小型亲属群落里。但是如今的生活和关系不同于从前,我们和更广的人群建立了更深的联系。如果把关系看作生命体,那么一个人的死亡也意味着所有关系和网络的死亡。

"我岳父的死是对我的催化剂,让我感觉这真是太痛苦了,"尹俊说,"而地球上的人都会有这样的经历。那么,我要怎样才能帮助人们延长这个共同的体验,从而让我们成为更完整的共同体呢?——不仅是自身生命的完整,还包括关系层面的问题。"

尹俊的目标是增进所谓的"体内平衡能力"(homeostatic capacity)。他提出可以把此类型的生物恢复力想象成广受欢迎的不倒翁。年轻的时候,我们的身体很容易就能回到中心位置。他将衰老描述为身体各个部分逐步丢失体内平衡能力的过程。假如平衡能力的损失可以防止,甚至逆转呢?想象一个五十岁的人,以前每次跑步膝盖都咯吱作响,现在虽然会有一点儿僵硬,但身体很快就能恢复。不是因为他每天注射可的松(肾上腺皮质激素型药物),而是因为身体自己恢复了"正常"——像不倒翁一样,自己回到了中心位置。"我们关心的是让医疗系统回归它的起点:身体。"他说。

"医疗健康行业也会因此变得更小型,创造更多的价值,帮助人们更长久地保持健康。我们所关心的,"他强调道,"是激进地脱离现有的系统。"

在尹俊的世界观里人类的死亡率仍然是100%,但是我们会像过去没活到老年的人们一样,死于轻症小恙(例如感染和外伤)——他称之为"生命的厄运"。他的工作不是日夜对抗死亡,而是延长优质、健康、运转良好的生命预期,让我们有更多的时间相处,不必被衰老的阴影笼罩。因此,现代医学最重要的努力方向不是永生,绝对与永生无关。它关乎生命。

"去年夏天我失去了金伯利的爸爸,"他说,"那时候在康涅狄格海岸,全家人围坐在篝火边。那个夏天给我留下了深刻的记忆。孩子们还小,父母都健在。我突然想到我正生活在人生中一个非常宝贵的时期。我现在四十几岁,人们通常认为四十几岁的时候会遭遇中年危机,而实际上,我刚刚意识到我最爱的孩子们正在茁壮成长,最爱我的人和最爱我妻子的人——我们的父母——也与我们同在。这是中年生活的'甜蜜点'[1],再也找不到比现在更好的阶段了。"

尹俊最关心的问题是"我们如何做到?",然而也有无穷无尽的争议聚焦于"我们应该做吗?"。

---

1. 甜蜜点(sweet spot),高尔夫术语,每一支球杆的杆头,都有一个击球的最佳落点,能与球碰撞出最为"甜蜜"的美好感受,正式名称是重力中心点。

"我们都会有意无意地认识到无尽的生命一定会成为扁平无趣的延展，一件事接着一件事，简直是字面意义上的永无止境，会让我们感觉乏味且无意义——那正是慢性抑郁的标志。所以我最不希望看到的事就是人类永生。"七十一岁的莱斯利·黑兹尔顿（Lesley Hazleton）拥有优雅而冷峻的魅力，她在 TED 的演讲让观众入了迷。这次演讲诞生于她在一次鸡尾酒会上和一个"停止衰老"运动的狂热追随者之间的交谈。

很显然，酒会上的这个人并不知道与他争论的人是谁。五十多年来，莱斯利一直致力于钻研永生、来世、信仰、宗教等我们面临的大问题。她拥有外科医生手术刀般犀利的大脑和诗意的语言，让人联想到格雷厄姆·格林或弗吉尼亚·伍尔夫。"他大约只有我一半的年纪，"莱斯利谈起这位交谈对象，"由于死亡显然对我比对他来说更为急迫和现实，所以他误以为我一定极度恐惧死亡。在得知我并不害怕死亡后，他似乎大为震惊。事实上，他似乎把我面对前景时的镇静当成是我的某种失败。"

她提了一个让自己和这位年轻的新朋友都大吃一惊的问题："死亡有什么错吗？"

这个问题简单得令人震惊，同时又清晰得使人麻木。它强迫我们反思一个我们自以为理所当然的基本前提：夜晚只有黑暗，死亡总是坏事。但是也许——只是有可能——死亡是一份礼物，或者至少是人之所以为人的典型特征。对此，莱斯利讲解得十分透彻："我们之所以需要结局，是因为我们的身体就内置了最基本的结局。我的必死的命运不会消解意义；相反，它创造意义。我活了多久并不重要，重要的是我如何生活。我会努力把生活过好，直到最后。我们有限的生命拥有无限性。"

广受大众喜爱的知名作家和天体物理学家尼尔·德格拉斯·泰森（Neil deGrasse Tyson）和拉里·金（Larry King）进行过一次著名的对话。他在对话中说，他的驱动力正是源于对自身时间有限的认识："知道自己终将死去，促使我专注地活着。你需要即刻取得成就，现在就表达爱意，不要等到以后再说。如果我们长生不死，那么明早何苦还起床呢？反正你永远都有明天。——那不是我想过的生活。"

十年来，詹森·席尔瓦（Jason Silva）一直关注着延长生命的技术，也为更多的科学突破摇旗呐喊，是我所知这项技术的最伟大的支持者。他在电视节目《脑力大挑战》（*Brain Games*）中担任主持人，还有一个知名的 YouTube 系列视频节目《敬畏时刻》（*Shots of Awe*）。他喜欢在节目上热烈地讨论困扰我们的一些最古老的哲学问题。和他对话有一点像观看一场龙卷风。

他对延长生命（的技术）没有丝毫的疑虑："如果我们发明了激进的寿命延长技术，能够延长我们的生命，增进我们的健康，使我们自身的修复速度超过衰老的速度，那么不管是生物科技、干预、分子尺度的修复，还是超光速旅行，以上任何手段，我都一定会毫不犹豫地提出申请，前提是足够安全。事实上，我认为设法找到超越死亡的办法是人类的道德使命。"

我想进一步了解他为什么认为超越死亡是一项道德使命。他解释道："凡人若是梦想永生不朽，就像肩负起无法承受的重担。人类既是神灵，也是蝼蚁——我们被赋予自我指涉的意识，从而能够思索永恒。死亡已经成为强加在人类身上的负担，不再为人类所接受了。我爱得深沉。我爱家人、朋友、音乐、艺术、感知力和诗歌。我爱奇迹，爱敬畏。一想到死亡要把这些悉数夺走，我就觉得既不能忍受，也无法接受。我认为随着智力的增长，焦虑也会增加，会变得越来越难以给死亡自圆其说。"

这里詹森和我的看法不同。假如生命真的获得了延长的可能性，我担心会给已经不堪重负的地球资源造成更大的影响。我担心贫富差距会越拉越大。我们不能只关心一块拼图，而不在意它将如何影响一整幅画。我还担心，假如我们不再把死亡视为生命的前景，不知道会让我们失去些什么。我问他："你不认为接受世事的无常也是有价值的吗？"

"对于那些通过顺应或接纳死亡而获得了某种平静的人来说，我并非有意要展现冷漠，"他说，"我认为如果他们内心平静，那么这是件好事。就像信仰上帝和来世的人或许夜里会睡得更香。我不是说死亡不是个好的慰藉。假如我们想安宁地生活，它或许最终是唯一的慰藉。只是对我不起效而已——我的问题太多了……"

PayPal[1]的联合创始人彼得·蒂尔（Peter Thiel）曾说："如果人们认为自己快要死了，就会丧失动力。永生给人带来动力。"莱斯利·黑兹尔顿对此强烈反对，她说："我就是一个喜欢想象自己即将死亡的荒谬之人，我觉得蒂尔的花言巧语令人震惊。他把存在降格成了公司管理的调调，成了励志的稀粥。他似乎认为我们的生命都被'人终有一死'的事实宣布无效了。他把生命设想成度量指标，其价值由可以计算的年月简简单单地决定了。在蒂尔的世界里，给我们带来动力的不是生活的喜悦，而是希望未来的每一个早晨都能醒来。我自己是想象不出比这更令人沉闷的事了。蒂尔的梦想是我的噩梦。"

***

---

1 一个总部在美国的在线支付服务商。

很显然，我一直在抗争我们的文化对死亡话题的刻意回避，不过我想做个区分：这本书主要探究的是为什么我们不愿意谈论必死的命运。人类害怕死亡，对此我完全接受。我认为害怕死亡是我们的本性，从本能上、哲学上、生物学上都是没错的。因为我们本质上仍然是追求基因延续、保持心跳不停的生物。

许多年以前，迈克尔·波伦（Michael Pollan）的著作《植物的欲望》（The Botany of Desire）改变了我的世界观。他描述了我们人类和大多数的动植物是如何以及为何拥有努力通过种子、后代或细胞分裂来延续自身 DNA 的内在使命。在《植物的欲望》里，波伦熟练地带领我们以第一人称视角踏上自然世界的旅程，展示了四种植物的种子如何努力地在尽可能广的地域里复制繁衍的非凡过程。他向我们呈现的是植物的视角，不去思考人类播撒种子、种植水果的意愿，而是反过来指明这些大自然精心设计的植物对人类的操控（原谅我找不到更好的词来形容了）。他详细地讲述了我们人类的行为是如何遵从苹果、大麻、土豆和郁金香的生物 DNA 的旨意，内容令人难以忘怀。读过这本大作之后再看植物，你一定会对这个系统里的智慧多几分尊重。

我认为我们对于永生的渴望不是因为想找到一个完美的钓鱼地点，然后一坐上千年，而更多是因为我们体内的种子就携带了编码指令，命令我们复制、存续、繁衍。想想看《星球大战》里的 R2-D2 机器人，莱娅公主在这个机器人里给欧比旺编写了一条求救信息，R2-D2 为了传递信息历尽千辛万苦。我们在本质上既是苹果也是播种苹果的人，既是 R2-D2 也是莱娅公主，这造成了极大的困惑。我们清醒地知道苹果的果实——也就是我们——终会消亡，但我们的 DNA 会由后代延续下去。

厄内斯特·贝克尔（Ernest Becker）在他 1977 年的普利策奖获奖

图书《死亡否认》(*The Denial of Death*)中的表述更为直接："人实际上被一分为二了：他意识到自身极为卓越的独特性，因而以威严之态凌驾于自然，而同时他也会往土里深扎几寸，盲目地默默腐坏，永远消失。"

我的想法是，我们的DNA毫无疑问是希望存续的，但自我（ego）则不一定。这里也是我与席尔瓦和蒂尔的观点再次产生分歧的地方。当自我完成了它的重要工作之后，我们的文化不允许它优雅地落幕。自我是一个重要的输出工具，确保我们完成最基本的生物学使命。因此，随着人生开始走下坡路，自我也随之弱化瓦解。举一个简化的例子：在健康的传统村庄里，老年人会首先为群落着想，年轻男性会首先考虑自己，女性则首先考虑后代。当性欲（libido）开始减退时，许多男性会感到恐惧，因为他们的价值就在于有能力延续自身的DNA。想找证据的话，看一看针对勃起功能障碍的治疗拥有多大的市场即可——到2022年，预期会达到32亿美元的价值。同样，随着生物钟走向终点，女性也承受着巨大的压力。

人类首先是生物，不论我们如何努力地掩盖与粉饰这一事实。花朵如果有理智的话就不会选择开放，而是保存自身的能量，因为花开之后它几乎会立即死去。然而它没有做出那样的选择，生命的设计就在于度过。而人类有所不同，因为不是每个人都决定盛开。贝克尔提醒我们："愧疚感生发自未经使用的生命，生发自未曾经历的生活。"

总结一下这番对生命延长和原始恐惧的深入探讨：我们究竟是害怕谈论死亡，还是害怕死亡本身？究竟是害怕死亡，还是害怕没有在世界上切实地留下印记？我希望我们能把这些问题想得更明白一些。或许我们可以抛下傲慢和焦虑，接纳命运——我们活过，随后死去，这样就够了。正如莱斯利深刻的质问：死亡有什么错吗？

你希望如何处置自己的遗产?

你希望如何处置自己的遗产？关于这个问题，我听到过许多不同的回答。对于大多数有孩子的人来说，答案是显而易见的。不过我尤其乐于看到超出常规范围的对话出现。

"设立一个信托基金，付钱让冰激凌店每到星期五就赠送免费的冰激凌怎么样？"格雷格·伦德格伦提议。他关于遗产问题的奇思妙想相当著名，还一直想写一本专门列举如何用不同寻常的方式给世界留下印记的书。"或者安排一家花店，在每周特定的一天免费派发红玫瑰。"又或者，他说，假如你的祖母年轻时跳过芭蕾舞，"你可以设立一项奖学金，送一名年轻的舞者上学。一旦开始思考这个问题，你会发现选择非常丰富，并且适合任何预算。"

泰勒的母亲多瑞没有明确表示过要如何处置自己的遗产，不过泰勒自己很清楚。她是个极具天赋的艺术家、插画家、艺术经销商、教师和收藏家。在泰勒二十七岁的时候，多瑞患乳腺癌离开了人世，所有完成和未完成的艺术作品都留给了泰勒。泰勒还继承了她对艺术的热情，他自己也是一名艺术家，尽管他总说自己的天赋和母亲相比相差甚远。他在一家主流出版社担任艺术总监，和许多才华横溢的人合作过，其中包括设计神童、软件工程师，还有世界级的作家和插画家。他说自己在作品里使用的设计语言全都来自母亲的教导。"她是我终身的老师，我认为她最欣赏自己的一点是，能够给予人们理解艺术的能力，帮助人们理解创作的过程，从而获得领悟。她最大的才能是用人人都听得懂的方式来解读艺术。一个完全反对当代艺术的人也许会说'我理解不了，这样的艺术学前班的孩子也能做到'，而她最擅长的就是通过对话改变他们的看法,让他们欣赏作品背后的思想。"

泰勒花了好几年的时间一边筛选她的艺术收藏,一边思索每一件作品的含义。"我感觉我的余生都要用来整理这些作品了。"面对母亲和继父留下的遗产,他如此说道。

"发生了这些事,我的位置在哪里呢?对此我想了很多,"他说,"我的起点和终点在哪里?我感觉我对自己的生命、生命的走向,以及希望留在自己身边的东西有着强烈的想法。但是我也同样意识到,我的生命是我此前所有经历的顶点。"

* * *

我在一次由我主持的死亡晚餐上问出遗产问题时,我看见桑迪若有所思的眼神里闪过一道光,像是被刺痛了一样。我等了等,看看她是否愿意给我们讲讲尼日利亚的事。我私下里知道这个故事,但那样的故事是人们轻易不会开口讲的。她坐在座位上认真倾听餐桌边的每个人轮流回答这个问题。在场的许多人已经为人父母,他们讲的多数是通过子女让生命得以延续。桑迪没有孩子,虽然她有好几个侄子侄女,也是很多人敬爱的导师。她考虑遗产的立场也很特别,因为此时她已临近死亡。轮到她开口的时候,如我所愿,她讲了那个故事。

身为电影制片人的桑迪·乔菲(Sandy Cioffi)第四次造访尼日利亚,接受对她的获奖纪录片《甜蜜的粗鲁》(Sweet Crude)的最后一次采访,结果她的团队遭到尼日利亚军方的拘禁。"来逮捕我们的那些小伙子也和我们一样被吓坏了。"她说。他们把剧组塞进一辆货车里,带到某个秘密的地点。坐在车里的桑迪和剧组成员询问是否能播放他们iPod上的歌。他们之所以提这个要求是出于策略上的考虑:想把电量用光，防止抓捕他们的人搜索数据。

这群人从一个军事地点被运走，在当地军人的持枪威胁下回到宾馆，然后被一些人押着去了好几个地堡，桑迪无比清醒的头脑此刻开始思索。很显然，他们被卖给了某个武装集团，获释的可能性微乎其微。她的团队里有一个名叫乔尔的尼日利亚社团领袖，他神情严肃地肯定了她惧怕的事：除非奇迹出现，否则他们很可能会遭到暗杀，但在那之前还会被编一个假故事用来索要赎金。

我们大多数人都不必直面死刑，这是我们的幸运。站在死亡的悬崖峭壁边缘，桑迪感到前所未有的清醒。她明白，正是他们在这里拥护和捍卫的抵抗运动，将给她带来死亡。

大家在手机被没收之前奇迹般地收到移动信号，团队成员成功地发出了几条短信。一条求救信息成功送到参议员玛丽亚·坎特维尔（Maria Cantwell）的助手那里，另一条发给了剧组成员克里夫。他立即明白了消息的含义，着手销毁不重要的镜头以及所有地图和联系人名单，把数据尽可能地塞进四张存储卡里，用胶带贴到宾馆卫生间的马桶背面。

当时桑迪还不知道短信已经送达。她反复回想着在这里工作的几年间结交的反叛军和自由战士。她对社会正义的理想就像一个沉重的负担。难道过去多年的努力只能化为一则新闻头条了吗？冷冰冰的恐惧爬上桑迪的心，她担心他们被俘和死亡会引发对农民和渔民群体的无情屠杀，而这些人曾经像家人一样接纳她，勇敢地与她分享自己的故事。看到自己的死亡像多米诺骨牌一般牵连了其他人的死亡，这简直不可想象。极少有人会陷入这个困境。虽然桑迪小时候在布鲁克林的圣帕特里克教堂和修女们度过了很长的一段时光，但她并不相信死后会有仁慈的上帝迎接她，也不知道自己身上将会发生什么。不过，她对自己留下的遗产却有着明确的想法。

在接连数小时的审问中,她被要求对着录像机对她的电影和过去五年在尼日利亚的工作做出虚假的陈述。桑迪的心里一直想着她三岁的侄子。她知道,这份虚假的陈述很可能会成为侄子亚当了解桑迪阿姨的途径之一,了解她的工作以及她一生坚持的立场。她正面应对逮捕她的人,为剧组在尼日利亚的使命保全了尊严。

生死攸关的短信发出之后,过了几个小时,美国参议员玛丽亚·坎特维尔在半夜里被叫醒。虽然还是深夜,但她立即行动起来。她的团队必须说服美国国务院相信情报真实可信,相信在尼日利亚的拉各斯,有美国公民正处在生死攸关的境地,分秒必争。要想把一个事件推到最高优先级非常困难,好在幸运女神站在了电影剧组这一边。

潮湿的地堡里,桑迪的手机铃声在一个守卫的口袋里响起。看守看了看绑匪的头儿,出乎所有人的意料,那个人把手机递给了桑迪。电话是美国领事馆的一个代表打来的。她问了桑迪几个简单的问题,包括她的身体状况和所在位置,然后要求负责人来听电话。桑迪把电话递给守卫,他听了一阵,轻蔑地哼了一声,挂断电话,然后吼着对他的手下命令了几句。不出几分钟他们就离开了。

三十分钟后,尼日利亚的一个军方小队进入地堡,带他们回到阿布贾的一个军方监狱。在他们重返美国的监护之前,一个尼日利亚情报机关的人把桑迪召到他的办公室。他仰坐在椅子上嚼着一支雪茄,大笑着问道:"你是谁?你在美国肯定很有名吧?"她只是瞪着他,对他漫不经心的坦率感到有些困惑。他继续大笑着详细讲了讲如何及时找到她、把她交还美国花了多少政治货币的过程,显然,他对她能活着离开这个国家感到惊讶。回到家后,桑迪的故事上了新闻头条。一周过后,她让一个尼日利亚的朋友去宾馆房间取回资料,电影得以完成。她的努力推动了一项参议院法案最终通过,要求跨国公司在战乱国家的花费透明化。

桑迪讲完故事，蜡烛已经快燃尽了，葡萄酒喝得见了底。每个人都沉默了一阵，思考着她说的话。桑迪的故事让我们学到很多东西，她的经历也和我们每一个人息息相关。她在死亡边缘有了清楚的想法，她渴望留下记忆，生活在一条宽广、无私的道路上，真正去呼应斯图尔特·布兰德（Stewart Brand）的信条："我献身于人类文明。"此外，她对下一代人有着清晰的认识，希望给他们留下一条真诚和坚韧的信息。就像在雪地上留下一道轨迹，如果他们受到感召，就能循着轨迹前行。

***

巴德从小在伊利诺伊的林区长大，他从小就收集自己找到的历史文物。每犁过一遍土地，巴德的收藏里就多了一些宝藏，考古学就这样成了他一生所爱。巴德的文物收藏从未间断过，他先是做护林人的工作，后来又开了一家古董店。到他去世时，他的收藏有鼻烟壶、编织篮、陶器、非洲玻璃珠、钓鱼纪念品、公园纪念品，还有古董诱饵鸭。

埃米莉上大学的时候认识了巴德。巴德的妻子伊芙琳和埃米莉的祖母是好朋友，祖母坚持让埃米莉过来见见他们。当时埃米莉读的专业是考古，祖母知道巴德的爱好一定会让她赞叹不已的。

初次见面时，巴德领着埃米莉走进一间屋子，里面放满了珍品古董的陈列柜和展示架，上面摆放着海量的藏品。"就像一个考古博物馆的仓库一样。"埃米莉钦佩地说。巴德用一套编目系统来整理他所有的物件，他精心记录下物品获得的年份和组别，再给每件物品分配一个号码。

巴德从一个柜子里拿出一件东西。"你知道这是什么吗？"他问她，向她展示一件带点绿色的石器，石器上面有一个凹槽。

"是福尔瑟姆矛尖吗？"埃米莉问。她猜得没错，她对北美早期文明遗迹的了解让巴德印象深刻。

大学生和八旬老人的友谊迅速建立起来。他告诉她，以后每次她过来，他都会展示更多的藏品。"其中最奇怪的一件东西，"埃米莉说，"是一块人类椎骨，上面还扎着一个箭头，那是他在沙漠里的某个地方捡到的。"

埃米莉还在上大学的时候，巴德和伊芙琳问她是否愿意考虑成为他们财产的托管人。"我当时不懂那是什么意思，但我知道这对他们来说非常重要，所以我答应下来，成为托管人。"埃米莉说。她能感觉到巴德和伊芙琳的家人并不像她那样对他们的收藏感兴趣，这对夫妻或许是担心去世后他们的藏品价值被低估。对此，埃米莉也没想太多。直到最近巴德去世了——就比伊芙琳晚几年。

我问埃米莉为什么巴德在世的时候没有把他的收藏送走，她猜测是因为它们对他来说太特殊了，他无法割舍。这些物件携带了他的记忆，包括它们是在何时何地被他找到的。他喜欢把收藏放在身边。"我的直觉是他会希望把藏品送到人类学博物馆或者教育机构，比如大学。他希望它们能去一个可以得到照料的地方，并且用于教学。"

"收藏家们经常把自己看作管家。"埃米莉若有所思。

***

露西和保罗·卡拉尼什的故事里最令人震惊的部分是关于伊丽莎白·阿卡迪亚·卡拉尼什（Elizabeth Acadia Kalanithi）的，也就是卡迪，保罗去世前两年她才出生。她是这对夫妻在保罗癌症晚期时做的决定。保罗在《当呼吸化为空气》中深切地写道："要孩子是我们一直渴望的事情……想为家中的餐桌再添一把椅子。"我问露西他们是怎样下定决心的，她说："我们知道这太疯狂了，也知道未来会发生什么，癌症很可能会带走他。显然这个决定需要获得家人全方位的支持和投入，需要容忍不确定性。我认为没有任何人是因为觉得生养这件事很容易而决定要孩子的。一切都是出于对不确定性的接纳。保罗最初比我更加坚定，他甚至想要双胞胎。"

在《当呼吸化为空气》里，露西问保罗："你不觉得，向自己的孩子告别，会让死亡更痛苦吗？"保罗回答说："如果真是这样，那不是很好吗？"随后他补充说："我们要继续活着，而不是等死。"

我的父母决定生下我的时候，他们完全清楚我父亲能见证我高中毕业的机会微乎其微，更别提大学了。他们一定知道这会给我的人生带来悲伤和痛苦。不过，我和露西讨论过，儿童往往正是从他们面对的困难之中获得了茁壮成长需要的品质。"父母希望他们帮孩子拿走生命中关于艰难奋斗的部分，可实际上恰恰是因为困难才使人类的生命变得更加充实。"她说。我就是一个活生生的例子：父亲在我年幼时去世，给我的性格明显带来了一些决定性的影响。

对于他未来的女儿，以及女儿没有父亲的生活，保罗的想法是："但愿我能活到她记事，能给她留下点儿回忆。语言文字的寿命是我无法企及的，所以我想过给她写一些信。但是信里又能说些什么呢？我都不知道这孩子十五岁时是什么样；我都不知道她会不会接受我们给她的昵称。这个小婴儿完全代表着未来，和我的生命短暂地重叠；而我的生命，除了特别微小的可能，很快将成为过去。也许，我只有一件事想告诉她。"

"我要传达的信息非常简单：在往后的生命中，你会有很多时刻，要去回顾自己的过去，罗列出你去过的地方、做过的事、对这个世界的意义。我衷心希冀，遇到这样的时刻，你一定不要忘了，你曾经让一个将死之人的余生充满了欢乐。在你到来之前的岁月，我对这种欢乐一无所知。我不奢求这样的欢乐永无止境，只觉得平和喜乐，心满意足。此时此刻的当下，这是我生命中最重大的事。"

露西写完了保罗的书，这本书在《纽约时报》非虚构畅销榜上连续十二周高居榜首，在榜时间超过一年，露西被推到了聚光灯下。"始终有陌生人来问我关于保罗的事，这对于我有很大的帮助。你在难过的时候往往最渴望的就是与人沟通，而不是假装一切都很好。为保罗举办图书巡回宣传让我得以真正地建立并延续他的遗产，这对我来说非常有意义。"保罗的遗产延续在卡迪的身上，延续在露西带给世界的行动主义里，也延续在他对将死之人的生活深刻、坦诚的探索之中。

我们应该悲伤多久?

父亲被诊断出脑肿瘤的时候,卡拉·费尔南德斯(Carla Fernandez)正在读大学四年级。父亲一年之后过世了,在他生命的最后六个月里,有卡拉在照顾他。与此同时,卡拉的朋友们则忙于大学毕业、徒步旅行、抱怨正在交往的对象,对于卡拉的情况并没有多少感同身受。

传统的悲伤援助组织也没能让卡拉产生认同感。卡拉说,她参加的援助聚会"感觉非常机构化,只是给某些特定的情感提供了一个空间而已。一个圆圈中间摆着一盒纸巾,屋子里亮着荧光灯,没有任何前戏可言,给人的感觉千篇一律。所以那天晚上我就走了,我乘公共汽车到酒吧去见朋友。我需要在一个让我放松的环境里获得友谊和认同。"然而她也厌倦了从朋友的眼里看到如小鹿受惊般的眼神,因为他们不知道该说些什么。

不久之后她搬到了洛杉矶。有一天她去参加 GOOD 杂志的面试,见到一个刚去那儿工作的人:伦农·弗劳尔斯(Lennon Flowers)。她感觉两人志趣相投,都是刚刚步入职场,都刚搬到洛杉矶,而且都在和音乐家约会。两人聊着聊着,卡拉告诉伦农说,她爸爸刚去世不久。"我原本以为她会回以沉默,结果她说:'我也是。'"

伦农上大学四年级的时候妈妈死于癌症。她觉得自己的故事太复杂了,难以和朋友们交流。伦农告诉我:"每当我提起这事,我都觉得像是在说'很抱歉我的生活让你感到不舒服,我保证不会再提了'。"

卡拉和伦农决定,不论 GOOD 杂志那份工作怎么样(后来卡拉被录取了),她俩都应该一起吃个晚饭,深入了解彼此的过去。

卡拉还认识几个同样失去了亲人的女性,她邀请她们和伦农一起到她家里吃顿便饭。"刚到的时候,大家都有一点儿紧张和不自在,不过半个小时后,我为我爸爸举杯祝酒,大家的话匣子就打开了,"她说,"那是我们许多人第一次说出埋在心里的问题。"

他们聊了各自的悲伤,以及每个人正在经历些什么,还讨论了一些更为实际的问题。卡拉提出一个假设:"假如你和某人第一次约会,对方问你父母是做什么的,你会撒谎吗?会不会转换话题?有很多实际的问题我们谁也没有确切的答案。"

晚餐结束时,大家都认为那一晚的经历非常特殊而且必要,一致决定再办一次。于是这一年里大家每个月都聚会一次。一些二三十岁的人听说卡拉和伦农的故事之后,表示也想加入进来,晚餐派对就这么诞生了,其动机主要是让这些失去至亲的年轻人有机会建立一些小型群体。

伦农和卡拉正式成立了一个组织,开始在全国范围内匹配有需要的人群,却遭到了来自传统援助组织的阻力。毕竟伦农和卡拉都不是专业的心理治疗师,也没有任何头衔。"人们会说:'噢,听起来挺危险的,你们这是在玩火。'"伦农说,"但是我们凭借本能克服了困难。现在回想起来,我们想为人性制造空间,但别人却说我们做错了,我们所处的文化认为谈论这个话题很危险,这才是疯狂所在。"

两名女性缔结了极其亲密的友谊。她们思考了很多问题。比如这一代人如何应对悲伤?为什么上一代人不想讨论困难的话题,而这一代人愿意"分享一切"?尽管存在一些强迫分享的负面印象,但总的来说,伦农和卡拉认为分享行为不仅健康而且很有必要。"我们没有条条框框、仪式或者信仰系统来解释未知,"卡拉说,"我认为这正是人们感觉彻底失控的根本原因所在。我们迅速地麻痹自己,然后回归工作。但是我相信，悲伤是个不可思议的新陈代谢的过程，它歌颂曾经出现在我们生活里的人，歌颂生命。回避悲伤反而会造成极大的伤害。"

从 2014 年 1 月至今，她们的晚餐派对已经从几十人发展到四千多人的规模。来自世界各地的人定期举办活动，范围覆盖了超过 100 个城市和乡镇，以及 230 张餐桌。悲伤不会彻底消失——这是伦农和卡拉在推动组织成长的过程中学到的最重要的经验之一。在那些积极来参加晚餐派对的人中就有许多是在几年甚至几十年前失去了亲人的，因此，把悲伤视为有始有终的时间线是十分荒谬的事情，而且没有意义。"我们的文化需要跳出'悲伤的五个阶段'这套老生常谈，认识到人是不断变化的，但依然会被生命的缺憾影响。"伦农说。

悲伤没有时间限制，也与时间无关。悲伤是放手让深爱的人离开，是想象一个没有他们存在的未来，也意味着对我们自己释怀。它是一个创伤，而每一个伤口愈合的速度是不同的。

所以"我们应该悲伤多久？"这个提示问题有一定的误导性，不过我发现它很容易开启对话。如果我们从时间的角度来看待悲伤，会发现第一年往往是最困难的，而且时间的确能治愈伤痛——但实际情况不一定也不完全如此。克服悲伤不同于战胜疾病，关于悲伤也没有什么是"应该"做的。悲伤本身在人的一生里呈现出不同的样子，说实话，它甚至每天都不一样。

※※※

我在前文已经说过，我们对死亡的恐惧不及我们对悲伤的恐惧。我认为这个观点值得深思，它拥有相当深奥的内涵。

关于悲伤，关于失去某个至亲之人，很重要的一点是这其中不只有一次死亡，而是两次。我们失去了至亲的人。他们离开了，于是他们神秘地被当下抹去，也被未来抹去，而后者更加令人痛心。作为现代人，我们热爱那种潜力无限的感觉；我们热爱生命的魔法，因为未来就像一幅色彩艳丽的图画，拥有无尽的可能性。而当一个人死亡，我们失去的是一整个可能性的生态系统。将来的每个瞬间、每次欢笑都不复存在。对于我们很多人来说，这种感觉就像被偷走了东西。这是第一次死亡，即一个人的死亡。

第二次死亡，是我们必将死去的一部分自己——这里开始有些复杂了，请坚持看下去。第二次死去的是我们和这个人相连的一部分。关系越是密切，第二次死亡造成的伤害就越深。很多古老的仪式其核心部分就是让自己的一部分死去。比如婚礼。婚礼是庆祝两个人的结合，是一次新生，但同时婚礼也是单身的你的葬礼。如果你不允许单身的你在圣坛前死去，那么我敢说这段新的联结一定维持不了多久。再如犹太教的受戒礼，它就像一次徒步旅行，让你放下童年的自己走向未来，去增长学识，尽心奉献。

查妮尔·雷诺兹的丈夫去世时年仅四十三岁。她也谈到了失去至亲的人经常说到的观点：你不仅是在悼念死去的人，也是在悼念他们在世时的你自己。她说道："人们，尤其是刚刚踏上这条道路的人，会恳切地问我：'以后会好的，对吗？'我会回答：'那是当然，亲爱的。但也会变得不同。'"比起丈夫出自行车事故去世之前，现在的查妮尔已经和从前不同了。比起父母还在世时，现在的伦农和卡拉也不再是从前的自己了。

这个观点带来的影响深远绵长，它不仅关系到悲伤者本人，也会波及周围的人。假如你已经和从前不一样了，那么你和生活里其他人的关系可能也难以维持原状。你可能还记得黛安娜·格雷,她失去了儿子,现在是伊丽莎白·库布勒-罗斯基金会的主席。一直有悲伤的人和她探讨这个话题。人们会对她说:"我妈妈不知道该怎么安慰我。我最好的朋友没有给我提供帮助。我的朋友们抛弃了我。"然后黛安娜会和善地告诉他们:"现实就是这样,我的姐妹,因为大家都是人。在你悲伤的时候,要选择适合自己的群体。"黛安娜承认这样的回答会让人感到痛苦,但也代表着真实。"我解释说,你和从前的自己不一样了。接受这个事实,并且留出悲伤的空间,这一点非常重要。你必须哀悼你失去的身份。而且,假如你自己已经变了,你不觉得你的朋友们也得花一些时间来调整吗?"

对此,黛安娜说:"人们的回答是'人们应该爱我真实的模样'。"

换句话说,就是"人们应当忠诚"。但忠诚里包含了评判,忠诚的本质就是做出判断。"一些人就是单纯地无法和濒死的孩子待在一起,"黛安娜说,"他们就是没法和悲伤的人待在一起。"黛安娜解释说,伊丽莎白·库布勒-罗斯大力推崇的"不评判"态度,意味着允许人们做真实的自己,悲伤者也可以专心寻找能给他们带来安慰的人。把以前关注消极影响的时间放在积极的事情上。此外也要像伦农和卡拉一样,给未知留一些空间,因为你永远不知道谁会走进来。也许你们因此而找到了对方。

***

在伦农和卡拉看来,他们那一代人大多缺乏寄托,所以需要通过晚餐派对在悲伤中彼此建立联系;而宗教传统自古以来就在做着同样的事,给情绪波动的人们建一道防护栏。

莎伦·布劳斯（Sharon Brous）通常被誉为美国最具影响力的拉比[1]之一。我认为她实至名归。她拥有许多天赋，其中最为重要的是她透彻的思考。有一回，我们讨论犹太教传统中的仪式及其重要性，她先是给我讲了一个故事，讲在她丈夫攻读电影专业艺术硕士的同时，她进入了拉比学校。听上去有些奇怪，不过，和往常一样，她的故事讲得恰到好处。

莎伦的丈夫大卫进入纽约电影学院的第一天，教授给大家分发了摄影机，他把学生们分成四组，让他们到城市里去。教授告诉学生们："你们有八小时的时间去拍一部三到五分钟的电影。""大卫觉得那是他最沮丧的一天，"莎伦解释说，"他好不容易进了电影学院，每个人都兴奋地讨论着，但是一整天下来大家全在争吵。"最后他们拍出的东西糟糕透顶，每个组都是这样。大卫彻底失望了。

第二天教授又让各组出去在八小时内拍摄三到五分钟的电影，不过这一次他给了更多指示：在他们要拍的电影里，必须有一个松散的情节，其中 A 需要给 B 提供一些东西，B 拒绝了 A，然后 A 做出反应。

这次他们带回来的东西出奇地好，很美丽，堪称艺术。

"我心想，那就是仪式，"莎伦说，"那就是仪式对于我们犹太人的重要意义。整个世界是如此美丽，但是它太广阔了，让你不知该从何把握。可是如果在经验的外面附加一个容器，你就有机会创作艺术。"

在犹太教的信仰里，如果某人去世，应该尽快将遗体下葬。"这其中有一种强制的迫切性，"莎伦说，"在你不知道该如何是好的时候，它让你有事可做。当你熟知的一切真理都消失了，你双手一摊说：'我

---

[1] 犹太人中的一个特别阶层，是老师也是智者的象征。——编者注

不知道该怎么办。'此时传统回答你：'你就照这样办。'"

此外，犹太教仪式也强迫人们直面新的现实。最引人注意的环节是家人要承担往棺材上盖土的工作。"可能显得不太宽容，"莎伦说，"但人们说泥土敲打棺木的声音是他们哀悼的重要起点。有一些发自本能的东西推着我们直面真相，我们认识到这个人已经不再像过去那样存在于这个世界了。"

接下来是守丧的仪式，家人回到家里待七天，期间人们会来探望。和葬礼一样，传统也仔细地安排了守丧的环节。来访者带来食物，他们需等到家人先开口方能讲话，让家人来确定谈话的基调。通过这种方式，我们可以回答那个最没有帮助的问题：我能帮上什么忙？守丧仪式告诉你：你带上食物来拜访，等他们先开口，然后你顺着他们说。

"传统给了你一个空间，用来哭泣、分享故事或者大笑，度过被爱和食物包围的七天。否则在这几天里你可能会忘记进食，忘记欢笑，不知道怎么哭，也不想拿自己的故事去打扰别人。这是一种智慧，"莎伦说，"它的作用是给悲伤造一个容器，帮助悲伤生长。而且，这是个很难的任务。你很难静坐服丧七天，有的人三天后就受不了了。但是我认为七日守丧促使人们正视失去亲人的现实以及悲伤的必要性。"

等到七天的最后一天，待在家里的人一同起床，去街区散步。你可以沉默不语，也可以放声高歌。莎伦解释说，你是在用这种方式表达有一个挚爱的人死去了，而你还活着。外面世界的人还要工作，上学。在过去的七天里，你看不到生命向前行进的迹象，也不是非得看到不可。但是现在可以了，你可以温柔地重新进入人世间。

悼念的下一个阶段是一群人一起反复念诵给逝者准备的犹太教哀悼者的祈祷文卡迪什（Kaddish）。"并非因为祈祷文表达了悼念者的感受，"莎伦说，"实际上往往正相反。我后来逐渐明白，言语并不重要，祈祷仍然是为了造一个容器来盛放悲伤。你和屋子里的另一个人手持同一个容器，我的曾祖父也有过同样的容器。*Yitgadal v' yitkadash shmei Rabbah*（愿他的大名成为至高圣洁）——你念出祷文，整个屋子的人都回应你：阿门！他们以此来表达：'我看见你了。我无法带走你的痛苦，但我可以拥抱你。'"

"这就是社群的概念。"拉比阿米凯·劳拉维（Amichai Lau Lavie）说。他住在纽约，刚刚开启自己的事业，等在他面前的是重重困难。三年前，父亲去世时，阿米凯飞回以色列参加了父亲的葬礼，并留在耶路撒冷陪母亲住了一个月。纽约有许多人希望可以和他一起念祷文卡迪什，但是他身处遥远的异乡，所以想了一个办法：打电话。"人们在某个时刻打电话过来，我先说几句话，然后我们一起念祷文。第二个星期我又重复了一次。"

一群人共同念祷文卡迪什是很有力量的——实际上传统已经规定了参加正式仪式的人数必须是十人，即使换成打电话的方式，传统也没有改变。所以他建议大家每周四下午三点打电话来，并且把这项活动保留下来，定期举行了三年。"有时候人们只是报出自己的名字，"他说，"有时候我们先分享诗歌，再念祷文，整个过程会持续二三十分钟。"打电话的人数从五人到五十人不等，有的时候更多。"我并不坚持十人的标准，"他说，"我们邀请悲伤的人，让他们不孤单。大家共同与某些更大的事物联结，引导悲伤进入这冥想的时刻。"阿米凯经常受到正统犹太群体的批判，因为更改如卡迪什这项古老的传统绝对不是什么受欢迎的事。但是他也在许多已经彻底脱离犹太教的人群中点燃了对仪式的新的激情。

伊斯兰教里和死亡有关的仪式本质上非常简单。西雅图伊德里斯清真寺的信托理事会成员希沙姆·法拉贾拉（Hisham Farajallah）解释说，一个穆斯林去世时，遗体会被洗涤干净并裹以白布。布代表着保护，布的朴素也具有象征意义："我们生来一无所有，走时也不带走什么。"遗体接受祈祷后会被安放在一个小房间里——不是棺材——使亡人面向麦加。这些程序都要快速进行，因为伊斯兰教规定遗体下葬要从速，可能的话应在死亡当天完成。吊唁在墓旁或亡者的家里举行。人们要为亡者的家人煮食三天。三天之后，哈希姆说，就非常个人化了，你可以自行选择最适合自己的悼念方式。他说他的父亲去世之后人们接连好几个星期，甚至好几个月都来拜访他，他欢迎大家的到来，但并不强求。许多人会以亡人的名义做慈善，并每日为其祷告。

虽然希沙姆描述的是最普遍的葬礼程序，但由于穆斯林生活在世界各地，各处的伊斯兰文化也大不相同。一次晚餐上，阿曼达给我讲了她小时候经历的一次悼念仪式。她说，通常大家会在遗体下葬之前聚在清真寺里，亡者的家人坐在棺材旁的桌边，女人坐一边，男人坐一边。人人都穿一身黑衣，排队吊唁亡人。那会是非常动人而忧郁的一天。葬礼结束之后，大家会提供一餐饭食。

按希沙姆的说法，第二天，亡者的家里会聚满来访的人。"大家都会得到鼓励，"阿曼达说，"也会得到食物，并且有机会讲讲自己已经过世的亲人。"和犹太教的七日守丧仪式类似，食物是其中的核心——必须至少准备三天的食物，往往之后还会持续一段时间。"食物和营养带给我们生命。这里有一个有趣的悖论：死亡太重要了，以至于悼亡的人无法照顾自己、喂饱自己。所以在某人去世之后为大家提供食物维持生命，是一件相当重大的事。"

阿曼达继续说道："一周之后还会举办一次'恩惠晚餐'。"大家再度聚在清真寺，家人再一次坐在长桌的尽头，每个人都来吊唁。

然后是祈祷，人们先念悼词，然后再吃一餐。四十天后，人们会再办一次"恩惠晚餐"，阿曼达说，然后在这位亲人去世一周年纪念之际再办一次。一年或者两年过后，家人会以亡人的名义再次把大家聚在一起，这一次家人会出钱准备餐食，同每一个人分享。这个时候大家一般都心情愉快，但是也有悲伤的空间，仍然能见到有人落泪。

我尤其在意的是哀悼的过程得到了极高的重视。悲伤的感觉在亲人刚刚去世的时候，同一周或者一个月以后是不大一样的。但悲伤没有消失，一年以后还在，两年以后也在。不过随着时间的流逝，人们也获得了一些快乐的空间。

在亲人去世之后的日子里，社群不会向失去亲人的家庭索取什么，还会给他们提供支持。所以，几年之后，当家人从悲伤中走出来，便能够更好地提起精神来纪念亡人，以及对社群给予的守候表达感谢。

我问阿曼达，这么多的公共悼念仪式会不会太多了？毕竟我无法想象失去亲人以后我会时刻希望有人陪在身边，更何况还得坐在桌边对着一长列前来吊唁的人说话。哪里还有默默悼念的余地呢？"我相当清楚这负担可能过重了，"阿曼达说，"假如你希望独处，独自哭泣，不想让大家都围绕在你身边怎么办？假如你为了对前来拜访的人表示尊重，不必要地消耗了太多精力怎么办？有时候我也感觉家人其实并不需要这些仪式。他们低着头，伸出手，其实心不在焉。但我认为文化压倒了他们的个人喜好。"虽然如此，阿曼达认为，或许悼念者还没看到社群的重要性。"也许悲伤的时候你意识不到支持和陪伴对于你有多么重要，不过以后你会感激的。"

※ ※ ※

科拉的哥哥在四十二岁时突然离世,她的第一感觉是想追随他而去。她太难过了,甚至连丈夫和孩子们都无法帮她振作起来。强烈的悲伤吓到了大家,那些爱她的人很担忧她的心理健康。"这些阴暗的情感和悲伤,在我们的文化里无处安放。"她这样写道。

"在我最困难的那些天,是这句话让我不至于消沉:'爱有多深,悲伤就有多深切。'确确实实是这样。"其他的文化也了解并且接纳了这种感觉。她指出,在中东文化里,大家在安慰人的时候经常说"勿和逝者一起死去",意思是,你一定很想追随挚爱的人,但是请你留下来。

科拉希望让其他人知道悲伤究竟可以有多黑暗——虽然黑暗,但是没有关系。她在《霍芬顿邮报》的一篇文章里动情地写道:"在那些不像我们这样惧怕死亡的文化中,你的痛苦是寻常的,社会接纳甚至拥抱你的悲痛……如果你告诉我你也想死去,至少我不会着急和惊慌,我会对你说:'我明白。你当然会这样想。'"

我们总是努力把别人从悲伤中拽出来,因为我们害怕悲伤,也不能看到别人难过。我们习惯于解决问题,习惯于行动起来。可是死亡的问题是无法解决的,哀痛带来的情绪也是无法消解的。

拉比苏珊·戈德堡(Susan Goldberg)过去是一位舞蹈编导,也是一位母亲,现在是南加州最大的犹太会堂的拉比。著名的网飞(Netflix)电视剧《透明家庭》(*Transparent*)正是把她作为拉比的原型塑造了剧中的一个角色。我和拉比苏珊谈起悲伤,她说倾听亲历者的讲述给她带来了最大的收获。倾听他人也意味着聆听他们的身体语言,她的舞蹈背景使她格外容易感同身受,并且特别在意悲伤如何影响了我们的身体。"人们会惊讶地发现自己是多么疲惫。难过的时候你不得不为疲乏感留出一些空间。"

"我还注意到，人们会说'一波一波的悲伤'，"她说，"我称之为海浪。我会告诉人们不必对悲伤的波浪感到诧异，这对他们似乎有所帮助。悲伤在你的身体里流动，有时候你觉得悲伤的浪潮永远不会退去。它是如此之大，如此之广。不过最终它会穿过你的身体，它会离开的。然后你得以在两次浪潮之间休息一下。接着，你会出现内疚感，你会怀疑，'为什么我不在悲伤的波浪之中了？我没有被压垮，是不是不该感到放松？'"她教人们不要做评判，学会放手，学着在一旁观察。

"影响身体的另一个重要因素是愤怒，"她说，"我总是尽量和家庭里的每一个成员交谈，确保他们明白，假如哪个家人变得易怒，那是悲伤的部分表现。激怒他们的可能就是一些傻事而已，也许他们因为找不到鞋子而大发雷霆。每个人都需要明白，在接下来的几个月里，他之所以愤怒并不是因为鞋子，只是敏感的触角暴露得多了一点儿。"

有一点我需要强调一下，虽然我希望大家谈论死亡，也坚信我们的生活会因此变得更好，但是探讨死亡并不能对悲伤有任何缓解。专门写作和演讲死亡话题的梅根·迪瓦恩生动地讲述了这种紧张感。她说："接受死亡的必然到来，不代表死亡没有问题。"她说悲伤的人经常告诉她，觉得"积极面对死亡"的运动——也就是相信直面死亡是健康而自然的做法——有时候并没有太大帮助，只是看起来比较潮而已。"在探讨死亡和带着悲伤生活之间，"她说，"有一道鸿沟存在。"

"接受死亡不代表至亲去世不会将你摧毁，"殡仪师凯特琳·道蒂写道，"而是意味着可以专注于你的悲伤，不被诸如'为什么人会死亡？''为什么这样的事会发生在我身上？'之类更大的存在性问题压垮。死亡不只发生在你身上，死亡发生在我们所有人身上。"

失去一个亲爱的人并非你必须跨过的一道坎。我由衷地希望我们能带上他们,在我们生命的道路上共同前行。

最后一餐想吃些什么?

美国有三十多个州有死刑法律。有一个事实是,这套有争议的法律不管在哪里执行,死刑犯大都可以依照自己的意愿选择最后一餐。在我们这个不以宽容而著称的刑罚系统里,这个姿态稍微体现出一丝让步,承认了犯人也是人。

我忍不住研究了一下死刑犯们的最后一餐。摄影师亨利·哈格里夫斯(Henry Hargreaves)用一组照片记录下死刑犯最后的晚餐要求,起名为"时日无多"(No Seconds)。他对食物深深着迷,曾经在一家餐厅当过酒保。他对哥伦比亚广播公司(CBS)这样讲述当酒保的日子:"通过人们点单的方式、同食物互动的方式、提出的特殊要求,以及对待食物的态度……我觉得,你不必和他们说话,仅仅看他们点的餐,就能看出他们大致是什么样的人。"

二十八岁的维克多·费戈尔(Victor Feguer)在艾奥瓦州被处以绞刑。他的最后一餐只要求了一枚带核橄榄。哈格里夫斯说,在"时日无多"的所有照片中,这是他最喜欢的一张。

"这张照片特别极端。当我们想到'最后的晚餐',通常想到的不都是饕餮大餐吗?可是他只要求一枚橄榄,"哈格里夫斯告诉哥伦比亚广播公司,"你看,这太简单,太美了,还有些终结的意味,就像他给生命的末尾画上一个句号。"

问问我们所爱的人最后一餐想吃点什么并不难,你无须对他们介绍死刑,也不必向手持镰刀的死神征求同意。幸运的是,人们普遍认为关于最后一餐的问题是比较友善的,甚至带点幻想性质,就像你在《纽约时报》看到的"恋爱36问"之类的话题。它是开启临终愿望的对话,是为人生的终章做好准备的一种安全的方法，在社交网络上甚至不会被打上"死亡对话"的标签。

尽管这个问题并不严肃，不过我也同意哈格里夫斯的观点，即你能通过一个人和食物的关系来相当深入地了解他。所以我询问了几个人——你在本书中已经见过他们——看看他们会怎样回答。我把解读的权力交给你。

艾拉·比奥克：

唔……不太确定到了临死前的最后几个小时我会有多饿。不过，假如我是一个第二天一早就要被处决的政治犯（很符合我的左翼倾向），我会选择奶油培根意大利面，甜点选椰子奶油派。

托尼·拜克：

希望我的最后一餐充满爱和关心，会有一个人为我种些粮食、烹饪食物，他喂我吃饭，在我吃的时候坐在我身边，我吃完以后帮我清理。也许只是某人在后院花园里种的小萝卜，配上自制的面包，再抹一点儿黄油或者撒少许盐。另外，我希望这顿饭能让双方感受到我们在生命里哺育、服侍和爱着彼此，体会到我们倾注的爱、关怀和专心，即便只有短短的一刻也好。最重要的东西，是那些我们付出和给予他人的东西。

阿纳斯塔西娅·希金博特姆：

刚出炉的热乎乎的面包。加很多黄油。还有汤——南瓜汤、红薯汤或绿叶蔬菜汤，或者三样都要。还有胡椒和辣椒。有这些东西我就会非常开心,也不会太害怕了。那样的一顿饭会让我觉得这一生里有过太多的爱,也许我也差不多准备好迎接自己的死亡了。

露西·卡拉尼什:

巧克力花生酱派,那是我童年最爱的甜点。而且我自己有一个传统,就是只要在甜点菜单上看到巧克力花生酱派,就一定要点(即便我没打算吃甜点)。所以我总是出乎意料地吃到它,这就更加让我感到快乐了。在我的最后一餐里,专门点一次作为庆祝,感觉很合理。

比尔·福里斯特:

我不确定会不会真能选出一样,不过作为一个医生,我会给我的病人推荐这些:

胡萝卜(为了保护视力,尤其让你在黑暗中看得更清楚)
咖啡(不停地喝,为了捕捉那种永无止境的、永恒的感觉)
菠菜(为了变强壮)
牛奶(回到你的第一餐)

我经常设想自己的最后一餐,每当这时,以前吃过的一顿饭总会清晰地出现在脑海里。一位名叫摩根·布朗洛(Morgan Brownlow)的主厨曾经在一个有魔力的夜晚结束之际为我做过一盘意大利面,那是在俄勒冈州波特兰市我们的餐厅里。餐厅名叫克拉克刘易斯(Clarklewis),至今还在营业,但是这道菜随着这个疯子般的天才不知旅行到了何方。曾经有段时间我们是西北部最繁忙,也可以说是最激动人心的餐厅,感觉就像从纽约空降到了斯顿普敦肮脏的工业区一样。在我们餐厅,一个精心编排的夜晚有着如同一场完美的芭蕾舞演出般的质感——你把一切都留在舞台上,兴高采烈的客人们带给你的能量和醉意多得都能溢出来了。

这样的夜晚结束之后,摩根总会偷偷递给我一盘热乎乎的手工全麦意大利贝壳粉配圣酒'Vinsanto'嫩煎乳鸽肝,最后撒上烤栗子。我认为那是一种致谢的方式,感谢有机会在这么多懂得欣赏的顾客面前展示他的技艺。我们的关系进展得颇为坎坷,但他招待我的食物里充满了关爱。这道菜我每吃一口,思绪都会被带回那个宇宙,再回到现实的身体时我必须稳住自己才行。那肥厚的鸽肝、完美的贝壳粉、浑然的口感、包裹在一颗栗子里的近乎隐秘的味道,还有晚收葡萄酒的蜂蜜香气,让我解缆拔锚。

我猜这就是食物给予我的最接近灵魂出窍的一次体验吧。

临终之时，你希望有怎样的感受？

"我曾经被视我为'死亡女士'的人穷追不舍，"伊丽莎白·库布勒－罗斯说，"他们相信，我花了三十多年的时间研究死亡以及死后的生活，一定有资格成为这个问题的专家了。我认为他们没抓住重点。在我的工作里，唯一无可争议的事实是生命的重要性。"在消除死亡和临终的阴影、提升我们的"死亡素养"方面，没有任何人比来自瑞士的精神病学家和作家伊丽莎白·库布勒－罗斯做得更多。她之于死亡和临终，就像爱因斯坦之于科学和物理学。据很多人说，她死得非常痛苦。临终关怀领域的好几位杰出人士都告诉我，伊丽莎白努力抗争死亡，她的死最终使她毕生的工作名誉扫地。

一篇报道里曾这样说："在沙漠的一座房子里，库布勒－罗斯坐在乱糟糟的角落，一边抽着登喜路香烟，一边看着电视，等待死去……几十年来在绝症领域的研究并不能减轻她对走向来世的恐惧……她的嗓音微弱而略显苦涩，带着德国口音……质疑她自己的遗产，重新审视她对生命、死亡，以及'那一边'的看法。"

关于这篇文章，以及那些不愿透露姓名的杰出人士，唯一的问题就是他们显然错得离谱。我和伊丽莎白的儿子肯相熟，我请他以伊丽莎白主要看护者的身份，为我重现伊丽莎白最后几年的生活。

1994年，六十八岁的伊丽莎白发现自己得了艾滋病。那时候对于这种未知疾病的恐惧正像野火一般蔓延开来。伊丽莎白在弗吉尼亚州乡下的家里开设了一家安养院，收容因感染艾滋病而被遗弃的婴儿。这个主意在当地人当中并不受欢迎，她的房子遭到枪击，贼人闯入家中肆意破坏。十月里的一天下午，伊丽莎白结束巡回演讲回到家，发现房子已被大火夷为平地,她心爱的美洲驼脑门中了一枪。一生的财产烟消云散。

当悲剧发生后,儿子肯哄着伊丽莎白搬去了斯科茨代尔,但是母亲节的时候她突发严重的中风,导致左侧身体瘫痪。在最后的九年里,伊丽莎白一直忍受着行动不便之苦(这对于一位积极活跃的七旬老人来说十分艰难)、剧痛的神经系统疾病、抑郁,以及失去健康和家园带来的愤怒和怨恨。

"命运给她带来如此沉重的打击,"肯说,"她也非常愤怒,但她从未放弃她的任何理论。有人说这都是胡编乱造的,为了卖书而已。这种说法简直荒谬至极,我妈妈用瑞士口音说那就是:'狗屎'。"

"去世前的几星期,她对我说:'我还没准备好死去。'我很惊讶,因为在这次对话之前她说她已经准备好了。但她没有多作解释。"肯说他花了几年的时间才理解她的意思,"我母亲总说,如果你学到了该学的课程,就可以获准'毕业'了。她还没有上完她的最后一课,那就是允许别人来爱她、照顾她,接纳其他人的照顾,不再做那个主导一切的人,这对她来说难以接受。当我母亲终于上完最后的一课,她获准'毕业'了。"家人给她提供安宁疗护,在生命的最后一周,她时而昏迷,时而清醒。"依照她不希望受苦的愿望,我们给她打了吗啡,让她可以平静地离开,"肯说,"她是傍晚时分在家里去世的,身边只有我和我姐姐。"

死亡很复杂。一个偶像的死亡,尤其是一个有争议的偶像,更会搅动各种各样的情绪。但我相信,其中最主要的情绪是"死亡羞辱"。不到亲自面对自己的死亡时,我们谁也不敢说会有什么感觉。这里没有"应该"怎么做。不论伊丽莎白在濒死之际是什么感受——只有她自己知道——都不应该被人迫不及待地指责。死亡羞辱是个切实存在的问题，和产妇不得不面对的一些窃窃私语没什么不同。她生得好不好？如果新妈妈用了硬膜外麻醉或选择剖腹产，甚至在分娩过程中失去了意识，她会不会感到耻辱？我们对死亡也有着同样的评判：他死得好不好？在"应该"离开的时候，他是否不愿意撒手？假如死亡没有遵循剧本，人们便予以指责。

"大多数人在濒死之际没有获得蜕变的体验。"禅意临终关怀中心（Zen Hospice）的前任董事B. J. 米勒（B. J. Miller）说，"而如果你把蜕变当作一个目标，会让他们有挫败感。"

羞耻感渗入我们生活的方方面面，死亡则拥有最适合它溶解的水源。正如畅销书作家布琳·布朗（Brené Brown）博士所言，"羞耻感的生长需要三个条件：隐秘、沉默和指责。"这三个要素从本质上代表了过去五十年里世界对于生和死的态度——正是这样一个世界，伊丽莎白曾如此努力地给它带去光明。

十年前，我失去了一个亲密的朋友，我至今还记得她的追悼会让我深感痛苦。当时我没法鼓起勇气去参加追悼会之后的守夜活动，我觉得一边喝酒一边说她的故事不是我想要的。我的决定伤害了她的女儿，因为我没去守夜，她觉得我背弃了她。先说明一下，我理解她深重的悲伤。然而，羞耻心俘获了我，它令我动弹不得，我沉浸在自己的悲伤里仿佛瘫痪一般。我们告诉孩子们，不准做出某些行为，并且还要记住那是不光彩的，以此来羞辱孩子。从生理学的角度看，羞耻心令我们互相争斗或者仓皇逃走。在这样的状态下人是无法成长的。当我们用死亡来羞辱彼此，我们无法治愈和成长。

事实上，和出生一样，我们也不太能控制自己走向终点的方式，也无法预料到那时会有什么感觉。如果在生命终结之际你遭受着剧烈的痛苦，或许压倒性的感觉是渴望从疼痛中解脱。

得知自己不久于人世，露丝十分惊恐。她是个卫理公会派教徒，显然在一定程度上相信天堂的存在。但是现在，她的心脏要罢工了，她感到非常害怕。在最后的日子里，女儿玛格丽特唯一能为她做的就是平复她的心情。于是玛格丽特温和地对露丝描述她想象中露丝的天堂的样子。她告诉露丝，死后她会踏上一片草地，身体被太阳烘得暖暖的。她安慰露丝说，一切都好，她自己也很好，露丝已故的丈夫正在草地上等着她呢。虽然玛格丽特对自己说的话一个字也不信，但那不重要。她只希望能尽可能地消除妈妈在最后时刻的恐惧。

得知自己患上了绝症，奥利弗·萨克斯（Oliver Sacks）写道，他不仅感到恐惧，还"突然获得了清晰透彻的焦点和认识。没时间考虑那些无关紧要的事情了。我必须关注自己，关注我的工作和我的朋友。我不会再每晚都看《新闻时间》了，也不会再关心政治或者全球变暖的争论了。"他解释说，并非是自己不关心了，而是因为那些是未来的问题，他把关注点都集中在当下了。不过，我要再次申明，这也是一种不可预期的状态。萨克斯写道："每个人都是独一无二的个体，都要寻找他自己的道路，过他自己的生活，经历他自己的死亡。这是每个人的命运，是基因和神经的命运。"

我无法不去考虑生与死的平行关系，总在想针对其中一边的研究是否对另一边也有启发。安妮·德拉普金·莱尔利（Anne Drapkin Lyerly）通过广泛的研究探讨了一次顺利的分娩应该具备哪些因素，并以此为基础写了一本名为《一场好的降生》（*A Good Birth*）的书。她发现，"好"分娩的共同点不在于助产术、生育中心、医院这些方面，而是和更深层的因素有关：掌控感、方法、人身安全、认同感、尊重和知识。我们并不总能为临终的人提供这些因素，我们自己也不一定有机会得到这些。不过，我们可以试一试，我们可以提供安慰、同情，以及不带偏见的立场。伊丽莎白多年以前就为我们指出了这条路。现在我们只需继续追随她的步伐。

你希望大家在葬礼上如何纪念你？

"想一想你会在自己的墓碑上写些什么？"这个问题并不新颖。可是你有多少机会能和你的至亲讨论这个话题呢？我曾经十分难得地获得过一次经历我自己葬礼的机会，它使我的思考达到了新的层次。那是在我四十岁生日的时候，朋友们把生日派对换成了生前模拟葬礼，这使我最终认识到接受他人的爱比妙语连珠更重要。

我们的心脏有两个主要功能：其中一半负责接纳、迎接和吸收富于营养的物质，经由肺部置换成带氧血液；另一半的功能则截然不同，它把血液泵出，精确有力地将血液送往全身。如果节奏被打乱，输送和接收的能力失衡，心脏病就会发作。心脏病至今仍是美国的头号杀手。

我们的文化鼓励表达爱和感激，鼓励互相拥抱和赞扬。这套观念不仅人人都践行，甚至表现为一种文化压迫。然而我们却不怎么讨论接受爱的问题，也甚少看到相关的指导和观点。而接受他人的爱与感激其实是很困难的。在我还差三个月就要满四十岁的时候，我和我的一生所爱决定休息一下，也可能永远分开。随着分手成为现实，一个幽灵出现在我的情感边缘，那就是我即将到来的生日。当我意识到了这一点，我们共同生活了三年的瓦雄岛仿佛戴上一层感伤的面纱。我真的要独自度过四十岁的生日吗？我真的要以一个单身男人的身份，带着回忆和种种破裂的关系，度过这重要的仪式和关键的节点了吗？这个我曾视为人生伴侣的女性，真的要离开了吗？

我不喜欢独自排解痛苦，于是我立即给好朋友们写电子邮件，请他们为我生日的那个周末留出时间。我邀请他们来加州北部的海滩度过一个失落的周末，我没写更多的细节，不知会不会有人来。幸运的是，一天之内，我的收件箱里就收到四十个肯定的回复，我终于不必一个人坐在家里和孤独抗争了。一个星期后，我最没礼貌的老朋友马特·威金斯（Matt Wiggins）也发来邮件，他说他会参加。

威金斯建议办一场生前葬礼。他认为应该庆祝一下我的重大转折，方法是让我装死几个小时，同时朋友们在旁边发发牢骚，念念悼词。很多人希望能亲临自己的葬礼，看起来我即将加入汤姆·索耶和奥古斯塔斯·沃特斯[1]的行列，见证我自己的葬礼了。

我的葬礼从一顿丰盛的晚宴开始，音乐演出精彩得能让一位王子眼红。每个人都精心做了准备，我也是。那一天我是在相对孤独的状态下度过的，我去做了一次深度按摩，吃得很少，花了好几个小时冥想，交替洗了几次桑拿和冷水浴，给身上适量涂抹了一些油，然后穿上飘逸的白衣。毕竟我们可不常有机会自己准备自己的葬礼，不是吗？

薄暮轻笼山丘，我闭上双眼，被人领到一个地方，很快我意识到那是一口棺材，幸好是打开的。我听到身边有脚步声，感觉被抬了起来，很明显，有一队护柩人在棺材两侧行进。我不自在地笑了，发现朋友们为葬礼付出了前所未有的努力——他们甚至专门为这个场合订制了一口雪松木的棺材。

一股温暖的威士忌酸香漫过全身。我笑了，心里想着一定是护柩人在互相传递酒瓶。棺材被轻轻放下，空间里只有一盏蜡烛摇曳着烛光。我没睁眼，但通过眼睑上的黑暗能感觉到朋友们都隐匿起来了。

威金斯的妈妈凯西·马克斯韦尔打破沉默，提醒大家我们的脚下是米沃克土著部落的土地。她告诉大家，她最近刚在这间屋子里为一个部落长者主持了葬礼，为了大家的相聚她特地选了这样一个优雅的

---

1. 分别出自马克·吐温的小说《汤姆·索亚历险记》和乔什·波恩执导的电影《星运里的错》（*The Fault in Our Stars*）。这两个角色都经历了自己的生前葬礼。

仪式。当她提到我的名字时,一个朋友开始痛哭,不是闹着玩儿的那种,而是在真正的葬礼上都少见的痛苦的啜泣。

接下来的三个小时里,我像片树叶一样纹丝不动,唯一的放纵就是让眼泪奔涌而出,所以大部分时间我的眼皮都浸在眼泪里。大家先谈了谈他们是如何认识我的。他们夸张的幽默和直率一举打破丧友之痛。接下来朋友们念起悼词,并诉说对我的抱怨和不满。牢骚一个接一个地往外冒,都很真实,让我感到刀割似的疼痛——但我感谢他们每一个人。我发现自己可以轻易地克服情绪问题,识别词不达意的误解,感知他人的遗憾。我得以看到我的内心和好友之间在哪里出现了危机,了解到他们对我的看法,我需要对谁道歉,又需要对谁更加坦诚。我知道,等我跳出这口棺材以后,我会把心与心之间的联系再度抛光打磨,直到每段关系都闪闪发光。

而爱像一辆卡车,突然撞在我身上。那是纯粹的、难以承受的、马力全开的爱,从我最尊敬的这些人口中说出来。有时候,我感觉皮肤像被炙烤一般燃烧起来,可我却无处躲藏。这些人是爱我的。他们看过我心的真诚,看过我内心的疑虑和空洞,竟然还爱着我。我无法转移话题,也不能换频道,我甚至不能脸红,也不能感谢他们——我只得接受。

然后我恍然大悟。

如果我不懂如何正确地接收爱意,我怎么可能知道活着是什么感觉?过去的我只使用了半边心脏——给予爱,照顾他人(并且避开那些我不想再爱的人)。我锻炼出健壮的肌肉,但锻炼得不平衡。那天,我没有想出什么精妙的墓志铭,但是这份古怪的礼物给我带来了明确的指导意义,让我意识到应该重视接收他人的爱。这再一次证明反思死亡不仅不可怕,反而给了我明确的指导,教我怎样生活,怎样活在当下。

这就是我参加自己的葬礼得到的收获。不过我相信,它更大的意义在于,举办一场生前葬礼是一个绝佳的成长机会,尽管每个人获得的成长一定会各不相同。

很幸运,那天葬礼结束后我还可以从棺材里出来。其他许多人之所以参加自己的葬礼,是因为知道自己不久于人世,想提前举办这纪念自己的派对。玛丽·伊丽莎白·威廉姆斯(Mary Elizabeth Williams)的朋友杰西卡就是这样,她是癌症晚期。最初她的计划是办一场小型生日派对,可是客人们来了却发现屋里没人,她被紧急送往医院了。她的想法就是在这一刻改变的。"我想把每个人都聚起来,"杰西卡说,"我想听一切美好的事物。"她确实听到了。她听到丈夫对她说,在他们初次相识的那个晚上他便知道她是一生的爱了;她听到人们在钢琴旁边合唱大卫·鲍伊的歌《太空怪人》(Space Oddity)。

"假如——如果可能的话——我们朝死亡略微倾斜一点会怎样?"她的朋友玛丽·伊丽莎白感到好奇,"假如我们不再假装病情还会好转,会怎样?假如我们给这份经历留出一些空间,不仅给我们自己,也给即将离世的人一个哀悼的机会,会怎样?……一个人需要极大的勇气才说得出这样的话:我就这样了,所以拥抱我吧,对我说你爱我。懂得迎接死亡,别再冲那即将熄灭的生命之光大发脾气,这是需要勇气的。卸下快乐面孔的伪装,别再做什么共同计划了。坐下来,接受真相,接受你们之中的一个人快要离开的事实。"

约翰·希尔兹(John Shields)同样决定在生命最后的日子里如法炮制。身患绝症的他打算使用加拿大的安乐死法律,并定下了他的死亡日期。他觉得在前一天晚上举办一场爱尔兰式的守灵夜或许不错。要有音乐和酒精,烤肉和祝酒词。

凯瑟琳·波特（Catherine Porter）给《纽约时报》写了一篇关于约翰的报道，她写道："人们一个接一个地宣告对他的爱、景仰和感激。他们感谢主人，在他们心碎的时候打开房门；感谢他的友谊，也感谢他的勇气。"

他全都听到了，并对大家回以感谢。然后他和大家道别，冲每一个人微笑着说："我们回头见。"

如何结束一次关于死亡的对话？

我们在这本书里共同走过了许多黑深的峡谷，去了我们不常独自去甚至不常和朋友一起去的地方。踏进这片领域，我们便没有轻松的答案——这句话虽然我之前也说过，但这个简单的道理值得再重复一次。不过，有一个指南针一直指引着我们，我认为它就是感激。

一场关于死亡的对话如何结束，这是至关重要的问题，不论我们是围坐在漂亮的桌子旁边，还是驱车行驶在州际公路上。在讨论生命终结的话题时，一定要让人们在心理上感觉安全，而感激能连接人心。我想起史蒂芬·詹金森（Stephen Jenkinson）曾说过的至理名言："感激是需要练习的。"这就是为什么每次死亡晚餐我都会以感谢先祖来起头，以致敬生者来结尾——我称之为"感激的轮回"。这个仪式在全球各地已经进行过几百次了，不过它最早来自凯西·马克斯韦尔，她是为了给家里的餐桌增添一些文雅感而发明了这个日常的仪式。

在儿子查理第一次领圣餐的前几天，凯西走进康涅狄格州达里恩市的一家饰品店，想给这次重要的仪式找一点儿纪念品。"我走进去，看到一个手工打造的圣餐杯，杯壁的外沿刻着'你永远是上帝的孩子'。"看起来很完美。她带着杯子回到家以后想到一个点子。因为任何一个单亲父母都知道，晚餐时间简直会让你觉得自己像个典狱长。而凯西有三个特别早熟的孩子，所以她心想，等到了领圣餐的那天晚上，她准备把圣餐杯装上葡萄果汁，然后告诉孩子们这是个叫作"祝福之杯"的新游戏。大家必须把杯子传递一圈，对在座的每一个人都说一些称赞的话，然后啜一口葡萄汁。——凯西用一种非凡的方法把圣餐仪式带入了家庭。

起初孩子们还需要她来稍加指导，但最终他们完全掌握了这项晚餐仪式的主导权。每当一个孩子成家立业，她都会送他们一个"祝福之杯"作为礼物。每个杯子都是凯西用陶土亲手做的——孙女还成了她的学徒——然后在每个杯子的外沿手绘上"来吃饭吧"的字样。

　　不论你有什么信仰，每日对你的家人（或任何人）表达肯定，一定能带来一些改变。我们在死亡晚餐上的练习和圣餐仪式有所不同，不会让大家传递圣餐杯，但我们每次举办死亡晚餐的时候都抱着这样的想法。当我们讨论尖锐的议题，尤其是那些我们总想压抑的话题时，必须考虑应该造一个什么样的容器来盛放这个话题，以及怎样把人们带回那个不谈死亡的普通世界。我们希望制造一种封闭感（因为人们需要知道何时可以回家），最后释放出一小股催产素（当我们感受到爱或赞赏时产生的一种激素）来给这次体验画上句号。

　　欣赏的第一步，是让大家告诉坐在自己左边或右边的人，自己最欣赏他哪一点。你无须安排由谁先开始，任由它自然而然地发生即可。带头的那个人只会选一个人来表达欣赏，而当你得到了赞扬，你唯一的任务就是接受对方的好意。坐在你身边的那个人可能是你新认识的朋友，他称赞的对象也许只是你精美的鞋子。要点就在于接纳，不要转移话题，也不要称赞回去，说声谢谢就够了。然后转向你身边的人，发自内心地说一些你真正欣赏他的地方。也许坐在你身边的是你的伴侣，多年来你还一直没机会充分地赞美他们。试着说一些你觉得危险而情绪化的话——我向你保证，只要是真诚的称赞，就是有意义的。等一圈人都完成任务以后，需要离席的人就可以自然地道别了。

***

我等了将近五年，才主持了一次有我妈妈和哥哥参加的死亡晚餐。虽然我一直在全球各地举办晚餐派对，但是这最重要的两份邀请我却一直没有送出去。总之，我明白这份工作并不容易，我本人在临终问题上也不是值得效仿的模范公民。而且，尽管我花了二十年的时间"重振餐桌晚餐"，我仍然觉得和两个女儿一起躺在床上边吃东西边看《公园与游憩》（Parks and Recreation）乐趣十足。

大家一起在餐桌旁坐下，这感觉令人极度尴尬。我知道该如何应对陌生人和朋友，但是邀请骨肉至亲共进晚餐，其中总有些太亲密的东西。整个晚餐只有我们四个人，这进一步加剧了尴尬。我十二岁的侄子芬恩加入了我们。先前我向哥哥建议让芬恩吃吃比萨看看电影，不过哥哥希望让芬恩也一起来。但是我哥哥那天的工作非常忙，他忘记了提前帮芬恩做好准备。所以我们晚餐开始的时候得先对芬恩解释说今晚我们打算谈些什么。他一听说我们将讨论死亡问题，立刻就走了。

这时我们已经打破了好几条我的黄金准则：绝对不要突然通知某人参加死亡晚餐或死亡对话，让对方理解同意是关键。以及只有当孩子表示出强烈的意愿时，才让他们参加。总之，情况进展得极其糟糕。

芬恩中途回来快速吃完他的食物，顺便告诉我们他觉得这想法很糟糕。"这么美好的一顿晚餐，你们为什么要聊'它'呢？破坏了大家的兴致。"他说。芬恩对死亡感到极为不适，甚至不愿意说出那个字——这是我哥哥告诉我们的，因为芬恩很快又走了。

虽然发生了这么多糟糕的事情，但毫无疑问那是我和妈妈、哥哥共同经历的最有意义、最难忘，也最快乐的一次晚餐。

这是怎么做到的呢？因为芬恩的来去并没有动摇餐桌上的谈话。

没有争执斗嘴。每个人都真正地在倾听彼此。我看到了两个家人身上最宝贵的特质。他们被真诚点亮。我妈妈再次道歉说没能做个好母亲，承认她与我们分享的故事太少了。她深深地反省说，如果我们不知道那些曾经影响她的重大事件和人生经历，我们便不可能理解她；如果我们不了解真实的她，一定会很难尊重她的育儿选择。我哥哥布莱恩在语言和情感方面的非凡能力被完全展现了出来，我被他的直率和认真的思考深深打动。我后悔没把那天晚上的内容记录下来，因为他的一些见解极具洞察力，是我在此前任何一次死亡晚餐都不曾听到的。

对我而言，在那个重要的时刻，我感到自己不再像个难民了。我一直觉得自己虽然不大像个孤儿，但在某种程度上，我远离了我的核心家庭。而昨天晚上（我是在第二天写下这些文字的）我得以清楚地看到我自己最珍视的特质是什么，这两个可爱的人又是如何播下了我性格的种子。我的母亲奋力抗争既定的权威，她不会对任何事物漠然视之，拥有不可思议的性格力量和独立意识。过去我只看到顽固不化和消极负面的她，而昨天晚上我看到了她内心的天使，十分澄澈，十分耀眼。我能看出我妈妈和哥哥也同样有被看见的感觉，仿佛我们三人见证了彼此，这一切的魔力不过是源于我在餐桌上提的四个简单的问题，全是从这本书中来的，我选了看上去最适合当时的问题。本来晚餐之前我写了一份详细的讲稿，仔细考虑过问哪些问题，但我最终没按计划来。我感觉顺应对话的方向从记忆里寻找问题效果更好。

不过，我们还是从致敬一位离世的人开始，最后以称赞彼此作为结尾。

两千多年以前，同样热爱餐桌的哲学家伊壁鸠鲁教导人们，对死亡的拒绝是人类所有感官的根基所在，同时承认我们与自身死亡之间有着脆弱的关系。他有句名言："面对其他事物，我们都有可能寻得安全感；而面对死亡，我们人类全都生活在一座没有围墙的城市里。"在这座没有围墙的城市里，我们有机会如此深入地了解自己和他人。这样的对话可以扩展我们对怜悯心的理解，也比任何话题都更为有力地把我们联结起来。正如拉姆·达斯（Ram Dass）提醒我们时说道："我们都不过是在相伴走回家啊。"

我很喜欢回想曾经和我们一起讨论死亡的几千个人，其中我最喜爱的画面之一，是晚餐结束后一家人或一个人洗净盘子、吹灭蜡烛，一边思考着亲人和朋友刚说的话，一边摸索着进入一片全新的领域。我们由此明白，结束一次关于死亡的对话没有既定的方法，谈论死亡的方式也并非一成不变。在我们的一生里，死亡如影随形。我能给出最好的建议，就是我们要更多地去熟悉和了解常伴我们身边的人。

致　谢

首先，感谢我勇敢无畏的合作作者珍娜·兰德·弗里（Jenna Land Free），若不是她才华横溢、思路清晰、坚持不懈，这本书可能还只是一份躺在谷歌文档的云端硬盘里的草稿。感谢我们快乐而智慧的编辑勒妮·塞德利尔（Renee Sedliar）以及米里亚姆·里亚德（Miriam Riad），还有我们战士一般的代理人盖尔·罗丝，她早早地就对本书抱有信心。感谢理查德·哈里斯（Richard Harris）帮助我们启动这个项目，把我介绍给盖尔。感谢 Hachette 出版公司及其出版团队的成员：迈克尔·皮奇（Michael Pietsch）、苏珊·韦恩伯格（Susan Weinberg）、约翰·拉奇维奇（John Radzievicz）、利萨·沃伦（Lissa Warren）、凯文·汉诺威（Kevin Hanover）、亚历克斯·卡姆林（Alex Camlin）、约瑟芬·穆尔（Josephine Moore）和克里斯汀·马拉（Christine Marra）。感谢我的合伙人、挚友、精神伴侣安吉尔·格兰特，她用深刻的洞见和同情心点亮了这深黑的沟壑。感谢我的朋友们和早期的读者提供优秀的指导，为打磨这本书付出了无数的时间，他们是德布拉·穆齐克（Debra Music）、莱斯利·黑兹尔顿、蒂法尼·温德尔（Tiffany Wendel）、马娅·洛克伍德、埃莉诺·克莱弗利（Eleanor Cleverly）、德雷姆·汉普顿（Dream Hampton）。我也非常非常感激几十位朋友同意毫无保留地为本书分享他们的故事，感谢他们的信任。

感谢我的女儿奥古斯特和维奥莉特，她们教会我如何直接表达心声，在我难熬的写作过程中一直容忍着我。感谢女儿们的母亲把如此出色的孩子带到这个世界。感谢每一位帮助推广死亡晚餐，并提供意见的人。也感谢每一位有勇气拿起这本名叫《死去之前都是人生》的书的读者和参加死亡晚餐的人。

感谢我的早期合作者迈克尔·埃尔斯沃思（Michael Ellsworth）、科里·古奇（Corey Gutch）、Civilization 设计公司以及斯科特·麦克林（Scott Macklin）不畏艰难在华盛顿大学支持我。我还要为我们在澳大利亚的伙伴丽贝卡·巴特尔（Rebecca Bartel）和迪肯大学表示衷心感谢，还有我们在巴西的伙伴汤姆·阿尔梅达（Tom Almeida）、在印度的伙伴克里蒂卡·夏尔马（Krittika Sharma）和萨娜姆·辛格（Sanam Singh）。最后，感谢桑尼·辛格（Sunny Singh）以及我在 Round Glass 的伙伴们，感谢你们把这个作品分享给了全球数百万的人。

推荐延伸阅读

Being Mortal: Medicine and What Matters in the End. Atul Gawande.

Being with Dying: Cultivating Compassion and Fearlessness in the Presence of Death. Joan Halifax and Ira Byock.

The Cost of Hope: A Memoir. Amanda Bennett.

The Death Class: A True Story About Life. Erika Hayasaki.

The December Project: An Extraordinary Rabbi and a Skeptical SeekerConfront Life's Greatest Mystery. Sara Davidson.

The Deepest Well: Healing the Long-Term Effects of Childhood Adversity. Dr. Nadine Burke Harris.

Die Wise. Stephen Jenkinson.

Dying Well: Peace and Possibilities at the End of Life. Ira Byock.

The End of Your Life Book Club. Mary Anne Schwalbe.

Extreme Measures: Finding a Better Path to the End of Life. Dr. JessicaNutik Zitter, MD.

Final Gifts: Understanding the Special Awareness, Needs, and Communications of the Dying. Maggie Callanan and Patricia Kelley.

The Five Invitations:What the Living Can Learn from the Dying. Frank Ostaseski.

The Four Things That Matter Most:A Book About Living. Ira Byock.

From Here to Eternity:Traveling the World to Find the Good Death. Caitlin Doughty.

God's Hotel:A Doctor,a Hospital,and a Pilgrimage to the Heart of Medicine. Victoria Sweet.

Knocking on Heaven's Door. Katy Butler.

The Last Lecture. Randy Pausch.

Mortality. Christopher Hitchens.

On Death and Dying: What the Dying Have to Teach Doctors, Nurses, Clergy and Their Own Families. Elisabeth Kübler Ross.

Smoke Gets in Your Eyes: And Other Lessons from the Crematory. Caitlin Doughty.

Standing at the Edge: Finding Freedom Where Fear and Courage Meet. Joan Halifax and Rebecca Solnit.

Stiff: The Curious Lives of Human Cadavers. Mary Roach.

Still Here: Embracing Aging, Changing, and Dying. Ram Dass.

When Breath Becomes Air. Paul Kalanithi.

When the Body Says No: Understanding the Stress–Disease Connection. Gabor Maté.

Who Dies? An Investigation of Conscious Living and Conscious Dying. Stephen Levine.

The Wild Edge of Sorrow: Rituals of Renewal and the Sacred Work of Grief. Francis Weller.

The Year of Magical Thinking. Joan Didion.

A Year to Live: How to Live This Year as If It Were Your Last. Stephen Levine.